Tobias Hoppe

Die tribologischen Eigenschaften von vergoldeten elektrischen Kontakten

Die tribologischen Eigenschaften von vergoldeten elektrischen Kontakten

Die tribologischen Eigenschaften von vergoldeten elektrischen Kontakten

von
Tobias Hoppe

Dissertation, Karlsruher Institut für Technologie (KIT)
Fakultät für Maschinenbau, 2013
Tag der mündlichen Prüfung: 11. Oktober 2013

Impressum

Scientific
Publishing

Karlsruher Institut für Technologie (KIT)
KIT Scientific Publishing
Straße am Forum 2
D-76131 Karlsruhe

KIT Scientific Publishing is a registered trademark of Karlsruhe
Institute of Technology. Reprint using the book cover is not allowed.

www.ksp.kit.edu

Print on Demand 2014

ISBN 978-3-7315-0146-6

Die tribologischen Eigenschaften von vergoldeten elektrischen Kontakten

Zur Erlangung des akademischen Grades

Doktor der Ingenieurswissenschaften

der Fakultät für Maschinenbau

Karlsruher Institut für Technologie (KIT)

genehmigte

Dissertation

von

Dipl.-Ing. Tobias Hoppe

Tag der mündlichen Prüfung: 11.10.2013

Hauptreferent: Prof. Dr.-Ing. habil. Matthias Scherge
Korreferent: Prof. Dr.-Ing. Frank Berger
Korreferent: Prof. Dr.-Ing. Martin Heilmaier

Danksagung

Die vorliegende Arbeit entstand während meiner Arbeit bei der Robert Bosch GmbH in Schwieberdingen und Gerlingen-Schillerhöhe. Mein besonderer Dank gilt meinem Doktorvater Herrn Prof. Dr.-Ing. habil Matthias Scherge, Leiter des Geschäftsfeldes Tribologie am Fraunhofer Institut für Werkstoffmechanik (IWM) in Freiburg sowie Leiter des Mikrotribologiecentrums (µTC) in Karlsruhe, für das stets entgegengebrachte Vertrauen und die Förderung meiner Arbeit. Des Weiteren möchte ich Herrn Prof. Dr.-Ing. Frank Berger von der TU Ilmenau sowie Herrn Prof. Dr.-Ing. Martin Heilmaier vom Karlsruher Institut für Technologie (KIT) für die Übernahme der Zweitgutachten danken. Herrn Prof. Dr.-Ing. Martin Gabi danke ich für die Übernahme des Prüfungsvorsitzes.
Für die freundliche Aufnahme in seine Abteilung möchte ich Herrn Dipl.-Ing. Jürgen Stein meinen Dank aussprechen. Für viele wissenschaftliche Diskussionen und kritische Durchsprachen der Versuchsergebnisse möchte ich mich bei Herrn Dr.-Ing. Peter Rehbein, Frau Dipl.-Ing. Jeannette Kopp, Herrn Dr. Schmatz, Herrn Dr. Wittmann, Herrn Dr. Müller-Hirsch, Herrn M. Sc. Spyridon Korres und vor allem bei Herrn Dr. Ulrich Stolz bedanken. Für die mechanische Prüfstandsunterstützung gilt mein Dank Herrn Joachim Schmid. Ein besonderer Dank geht auch an Joachim, Timo, Michael und Eduardo. Der Umfang dieser Arbeit mit über 1000 Versuchen wäre ohne Eure studentische Unterstützung mit Sicherheit nicht möglich gewesen. An dieser Stelle sei allen weiteren Kollegen und Kolleginnen, die ich hier nicht alle aufführen kann, gedankt.
Herrn Prof. Dr. Michael Moseler vom Fraunhofer Institut für Werkstoffmechanik in Freiburg danke ich für viele wertvolle Anregungen.
Gerne denke ich auch an die vielen wertvollen Diskussionen mit meinem Kollegen Herr Dipl.-Phys. Nils Beckmann zurück und danke ihm für seine numerische Hilfestellung zur Berechnung des Goldflächenanteils in Abhängigkeit von der Eindringtiefe der realen Oberflächentopographien.

Herrn Dipl.-Chem. Eberhard Nold vom Mikrotribologiecentrum Karlsruhe sowie Herrn Tobias Weingärtner vom Karlsruher Institut für Technologie danke ich für die AES-Messungen und die hilfreichen Diskussionen zur Oberflächenchemie.

Herrn Dipl.-Phys. Lutz Berthold sowie Herrn Dipl.-Ing. (FH) Jan Schischka vom Fraunhofer IWM in Halle danke ich für die, oft nicht leichte, Präparation der TEM-Lamellen sowie die anschließenden TEM-Aufnahmen.

Für die Unterstützung meiner gesamten akademischen Ausbildung möchte ich mich besonders bei meiner Freundin Nathalie und meinen Eltern bedanken. Sie gaben mir immer den nötigen Rückhalt.

Kurzfassung

Elektrische Steckkontakte sind in Kraftfahrzeugen Vibrationen und Thermohüben ausgesetzt, die zu Relativverschiebungen im tribologischen Kontakt führen. An einem AuCo/Ni vs. Au/NiP Kugel-Platte-Kontakt wurden tribologische Untersuchungen durchgeführt, um den auftretenden Schwingverschleiß und die dort wirkenden Verschleißmechanismen zu charakterisieren und den Verschleiß über ein globales Modell zu quantifizieren. Außerdem wurden anhand eines elektrischen Ausfallkriteriums Lebensdauermodelle in Abhängigkeit der Einflussgrößen Schwingweite, Goldschichtdicke und Rauheit aufgestellt.

Der Ausfall des Steckkontaktes ist auf einen Verschleiß der Goldschichten und die dadurch initiierte Nickeloxidation im Verbund mit einem Anstieg des Übergangswiderstands zurückzuführen. Die dabei auftretenden Materialüberträge, Furchungsvorgänge, die Verschleißpartikelgenerierung sowie die Partikeltransportmechanismen üben einen entscheidenden Einfluss auf die Lebensdauer des elektrischen Steckkontaktes aus. Über die Verknüpfung der Lebensdauermodelle mit dem globalen Verschleißmodell kann durch Messung der Verschleißgrößen und bei bekannter Beanspruchung die Lebensdauer berechnet werden.

Abstract

Electrical contacts in automotive applications are exposed to thermal and vibration induced relative motion in the tribological contact. Fretting tests with an AuCo/Ni vs. Au/NiP ball to plate contact were conducted in order to describe the ongoing wear mechanisms. Furthermore, a global wear approach was chosen to quantify the overall wear. According to a predefined electrical failure criterion the connector lifetime is demonstrated in a model depending on oscillating amplitude, gold thickness and contact roughness.

The electrical failure of the contact can be reduced to the wear of the gold platings leading to exposure of the nickel interlayer and consequently oxidation. Through material transfer, plowing, particle generation and the particle transport mechanisms the contact resistance increases and therefore limits the connector lifetime. The link between the lifetime models and the global wear approach allows for calculation of the lifetime when only the wear and the stress of the tribosystem are known.

Inhaltsverzeichnis

Abkürzungen

Kürzel	Beschreibung
AES	Auger-Elektronen-Spektroskopie
AFM	Rasterkraftmikroskop „Atomic Force Microscope"
BSE	Rückstreuelektronen „Back Scattered Electrons"
DF	Dunkelfeld
EDX	Energiedispersive Röntgenspektroskopie „Energy Dispersive X-ray Spectroscopy
ENIG	stromlos abgeschiedenes Nickel und Immersionsgold „Electroless Nickel Immersion Gold"
FIB	fokussierter Ionenstrahl „Focused Ion Beam"
GDOES	optische Glimmentladungspektrokopie „Glow Discharge Optical Emission Spectroscopy"
HF	Hellfeld
LiMi	Lichtmikroskop
LP	Leiterplatte
REM	Rasterelektronenmikroskop
r.F.	relative Luftfeuchte
$R_{ü}$	Übergangswiderstand
SE	Sekundärelektronen
(S)TEM	(Raster-)Transmissionselektronenmikroskop

Formelzeichen

Formelzeichen	Beschreibung	Einheit
a	Radius der Kugelkalottengrundfläche	m
A_c	reale Kontaktfläche	$\mathrm{m^2}$
α_Au	Goldflächenanteil	$\%$
Δx	Schwingweite	m
E	Elastizitätsmodul	$\mathrm{N/m^2}$
EIT	elastisches Eindringmodul	$\mathrm{N/m^2}$
F_N	Normalkraft	N
F_R	Reibkraft	N
γ	Oberflächenspannung Flüssigkeit/Gas	$\mathrm{\frac{J}{m^2}}$
γ_Au	Goldvolumenanteil	$\%$
H	mittlere Meniskuskrümmung	$\mathrm{\frac{1}{m}}$
HIT	Eindringhärte, auch Meyerhärte	$\mathrm{N/m^2}$
HK	Härte Knoop	$\mathrm{N/m^2}$
HV	Härte Vickers	HV
k	Archard Verschleißkoeffizient	$\mathrm{m^3/(N\,m)}$
μ	Reibkoeffizient	-
N	Zyklen	-
P_A	Ausfallwahrscheinlichkeit	$\%$

Inhaltsverzeichnis

Formelzeichen	Beschreibung	Einheit
$P_{\text{Ü}}$	Überlebenswahrscheinlichkeit	%
p_{v}	Partialdampfdruck	Pa
p_{sat}	Sättigungsdampfdruck	Pa
$r.F.$	relative Feuchte	%
R	ideale Gaskonstante	$\frac{\text{J}}{\text{mol}\,\text{K}}$
R	Radius	m
T_{N}	Streuspanne	-
ρ	spezifischer elektrischer Widerstand	Ωm
σ_{c}	Fließgrenze	N/m^2
T	Temperatur	°C
t	Zeit	s
τ	Scherspannung	N/m^2
t_{Au}	Goldschichtdicke	m
v	Gleitgeschwindigkeit	m/s
V_{l}	flüssiges molares Volumen	$\frac{\text{m}^3}{mol}$
x	zurückgelegter Gesamtweg	m

1 Motivation

Elektrische Kontakte für Steckverbinder in automobilen Anwendungen stehen unter einem enormen Preisdruck. Neben den konstruktiven Maßnahmen sind deshalb auch die eingesetzten Oberflächenbeschichtungen Gegenstand von Optimierungsbemühungen. Gerade auf die in dieser Arbeit untersuchten Goldoberflächen wird aufgrund der aktuellen Goldpreisentwicklung ein besonderes Augenmerk gelegt. Immer öfters werden deshalb vergoldete Kontakte durch verzinnte oder versilberte substituiert. Aus später genannten Gründen wird oft Gold als hochzuverlässige Oberflächenbeschichtung für Kontakte genutzt [8, 13, 100] und deshalb bevorzugt in besonders sicherheitsrelevanten Systemen, wie zum Beispiel dem Airbagsteuergerät, eingesetzt.

Vibrationen und Thermohübe im Automobil können dazu führen, dass sich beide Kontaktpartner relativ zueinander bewegen. Die stattfindende Relativbewegung im Kontakt führt zwangsläufig zum Verschleiß der Goldschichten, was einen großen Einfluss auf die Zuverlässigkeit des elektrischen Kontaktes hat. Ein Einsparungspotenzial bei Goldoberflächen besteht in den Goldschichtdicken der jeweiligen Kontaktpartner. Um die Goldschichtdicke der bestehenden Systeme weiter zu reduzieren, soll für einen Kontaktpartner ein bereits auf dem Leiterplattenmarkt etabliertes Goldschichtsystem mit einer dünneren Goldschicht eingeführt und auf dem anderen Kontaktpartner die bisherige Standardgoldschichtdicke weiter reduziert werden. Die Untersuchung dieses sich neu ergebenden tribologischen Systems soll Grundlage dieser Arbeit sein. Dabei soll seine Zuverlässigkeit gegenüber dem elektrischen Versagen untersucht werden. Die dabei stattfindenden Verschleißmechanismen, die letzten Endes auch für den Abtrag der Goldschichten verantwortlich sind, sollen dabei untersucht werden.

Da in einem Kraftfahrzeug je nach Fahrzeugklasse bis zu 250 Steckverbinder mit ca. 3000 Kontaktestellen verbaut sind [105] und allein ein Verbrennungsmotor über 400 Kontakte aufweist [75], kommt der Zuverlässigkeit der Kontakte eine besondere Rolle zu. Dies wird noch einmal dadurch betont, dass zwischen 30% und 60% aller auftretenden elektrischen Probleme in Kraftfahrzeugen auf Steckverbinderprobleme zurückgeführt werden können [82] und ein Großteil davon auf den Schwingverschleiß der Steckkontakte entfällt.

1.1 Zielsetzung

Das Aufstellen eines lokalen Verschleißmodells auf der Skala der Asperitenkontakte soll mit Hilfe tribologischer Schwingverschleißversuche sowie der Analytik der Verschleißspuren erfolgen. Hierbei werden die auf das System wirkenden Verschleißmechanismen identifiziert und dargestellt. Um auch die Zuverlässigkeit des vergoldeten elektrischen Steckkontaktes beurteilen zu können, sollen Lebensdauermodelle unter Beachtung verschiedener Einflüsse wie zum Beispiel der Schwingweite aufgestellt werden. Die den Einflussgrößen zu Grunde liegenden Wirkmechanismen sollen dabei ebenfalls in das lokale Verschleißmodell integriert werden. Abschließend soll der Verschleiß der Goldkontakte in einem globalen Ansatz berechenbar gemacht werden. Die makroskopisch beobachteten Verschleißerscheinungsformen sollen dabei in Zusammenhang mit der Mikrostruktur gebracht und die daraus resultierenden mechanischen und elektrischen Eigenschaften erklärt werden.

1.2 Aufbau der Arbeit

Im folgenden Kapitel werden die Grundlagen auf dem Gebiet der elektrischen Kontakte gelegt und der Stand der Forschung zu tribologischen Untersuchungen von vergoldeten Kontakten präsentiert. Dabei wird ebenfalls ein Ansatz zur Bewertung der Zuverlässigkeit von elektrischen Kontakten aufgezeigt. Im darauf anschließenden Kapitel werden die verwendeten Messmethoden aufgezeigt und das für die Experimente eingesetzte Tribometer erläutert. Die Ergebnisse dieser Untersuchungen des Tribosystems „vergoldeter elektrischer Kontakt" sowie eine ausführliche Diskussion führen zur Aufstellung von Verschleißmodellen und Lebensdaueranalysen in den Kapiteln 4 und 5. Abschließend werden die Ergebnisse dieser Arbeit in Kapitel 6 zusammengefasst und ein Ausblick auf weiterführende Arbeiten gegeben.

2 Grundlagen und Stand der Forschung

2.1 Übersicht über elektrische Steckkontakte im Automobil

Die Aufgabe eines elektrischen Steckkontaktes umfasst eine wieder auftrennbare Verbindung mindestens zweier Kontaktelemente eines elektrischen Systems unter Zugrundelegung einer stets unterbrechungsfreien Signalübertragung [86]. Dies wird durch die ständige Berührung der Kontaktfeder, bzw. der Kontaktkuppe (im Folgenden als Terminal bezeichnet) mit dem Gegenstecker (Pin oder Leiterplatte) gewährleistet. In Abbildung 2.1 ist beispielhaft ein Steckkontakt mit gestecktem Pin im Schnitt dargestellt. Um den

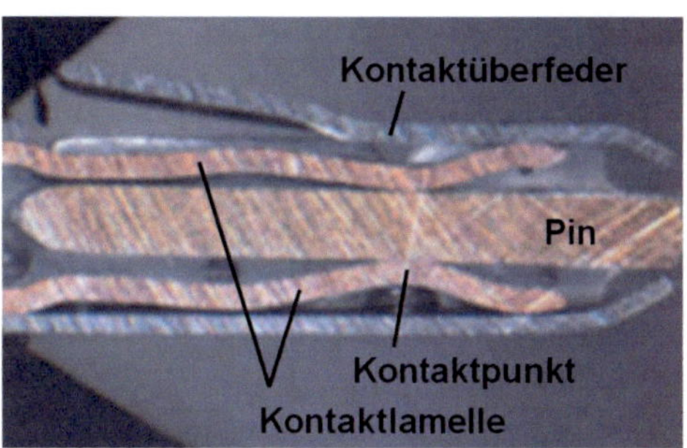

Abbildung 2.1: Schliff durch einen Steckkontakt [1].

beim Stecken entstehenden Kontakt vor Umgebungseinflüssen zu schützen und eine Fixierung beider Kontaktpartner zu erreichen, sind beide in Gehäusen untergebracht. Durch die Geometrie des Terminals wird beim Steckvorgang eine Normalkraft auf den Kontakt aufgebracht, um ein Abheben und damit eine Unterbrechung der Signalübertragung zu

verhindern. Das Terminal besteht vorwiegend aus Kupferlegierungen. Der unterbrechungsfreie Stromfluss wird meist durch Edelmetalloberflächen wie Gold, Silber, aber auch Zinn
gewährleistet.

Im Folgenden soll allerdings nur auf Gold als Kontaktoberfläche eingegangen werden. Die
meisten elektrischen Steckverbinder im Kraftfahrzeug müssen weniger als 10 Steckzyklen
über die gesamte Lebensdauer ertragen. Die Hauptausfallursachen sind daher laut ANT-
LER [10] auf Porenkorrosion, Fremdschichten durch aggressive Umgebungseinflüsse und
Schwingverschleiß zurückzuführen. Die Ausfälle von goldbeschichteten Kontakten sind somit auf eine Beschädigung der Goldoberflächen durch die oben angeführten Ursachen zu
erklären. Geraten dadurch Materialien mit schlechter Leitfähigkeit, wie etwa oxidiertes Ni
oder Cu in den Kontakt, steigt der Übergangswiderstand an und eine unterbrechungsfreie
Übertragung des Stromes ist nicht mehr gewährleistet.

2.2 Vergoldete Kontakte im Tribosystem

Goldbeschichtungen zeichnen sich dadurch aus, dass sie inert sind und einen niedrigen spe-
zifischer Widerstand aufweisen. Deshalb kann schon eine Normalkraft von $0,1$ bis $0,2\,\mathrm{N}$
ausreichen, um einen leitenden Kontakt herzustellen [3]. Reines Gold ist verhältnismäßig weich und kann bei Gleichpaarungen zu Kaltverschweißungen führen, welche einen
sicheren elektrischen Kontakt ermöglichen. Sind Kaltverschweißungen nicht erwünscht, so
können aus Goldlegierungen harte und verschleißbeständige Schichten hergestellt werden.
Allerdings weisen Goldbeschichtungen ein wesentlichen Nachteil auf: Sie sind sehr teuer
[100]. Gold für Steckverbindungen mit großen Stückzahlen wird üblicherweise auf zwei
verschiedene Arten auf dem jeweiligen Substrat abgeschieden [73]:

- chemische Beschichtung

- galvanische Beschichtung.

2.2.1 Schichtsystem Au/NiP/Cu

Die Nickelzwischenschicht übernimmt, wie im folgenden Absatz zu sehen, im Schichtsystem Au/Ni/Cu mehrere Aufgaben [3, 5, 18]. Zum einen bildet Nickel eine passive

Oxidschicht auf seiner Oberfläche, die im Falle eines porösen Goldüberzuges die Porenkorrosion verhindert (außer bei hochaggressiven Umgebungsmedien, wie etwa Chloriden). Zum anderen verhindert die Nickelschicht bei schon beginnenden Korrosionsprozessen ein Kriechen der Korrosionsprodukte und dämmt somit die Ausbreitung ein. Aufgrund der Neigung von Kupfer, in Gold zu diffundieren, und an dessen Oberfläche isolierende Kupferoxide zu bilden, übernimmt die Nickelschicht außerdem die Aufgabe einer Sperrschicht. Die gegenüber der Härte des Goldüberzuges um das Mehrfache erhöhte Nickelhärte stellt eine mechanische Unterstützung der weichen Goldschicht dar und erhöht die Lebensdauer des Kontaktes.

Die für Goldschichten benötigte Zwischenschicht kann entweder als galvanisches Nickel oder chemisch als Nickel-Phosphor-Legierung auf dem Substrat abgeschieden werden.

2.2.1.1 Chemische Beschichtung

Die normalerweise auf Kupfer oder Kupferlegierungen aufgebrachte NiP- und Feingoldschicht wird auch als ENIG („Electroless Nickel Immersion Gold") bezeichnet.

Chemische Nickel-Phosphorschichten werden stromlos abgeschieden. Im englischen Sprachraum ist daher von „Electroless Nickel" die Rede. NiP wird durch Palladiumkeime katalysiert auf der Kupferoberfläche abgeschieden. Der Elektrolyt, welcher auch das Reduktionsmittel (Elektronendonator) bereitstellt, enthält Natriumhypophosphit ($NaH_2PO_2 \times H_2O$). Neben dem Nickel wird somit auch Phosphor abgeschieden. Der sich einstellende Phosphorgehalt bestimmt unter anderem die Lötbarkeit, Bondbarkeit, Struktur und Härte der NiP-Schicht. Diese Überzüge sind durch DIN EN ISO 4527 [39] genormt.

Bei der anschließenden chemischen Goldbeschichtung kommt es zu einem Ladungsaustausch:

$$2Au^+ + Ni \rightarrow 2Au + Ni^{2+}$$

Das schon als Oberflächenschicht abgeschiedene unedlere NiP dient hierbei als Elektronendonator. Als treibende Kraft dient der Potentialunterschied zwischen Nickel und Gold. Aufgrund des Austauschprozesses ist die Schichtdicke begrenzt. Hat die Goldschicht eine Dicke erreicht, welche nur noch wenige Poren aufweist, so verhindert dies, dass weiter

Nickel-Ionen in Lösung gehen und sich weiteres Gold abscheidet. Der Prozess kommt also zum Erliegen. Da auch von einem Immersions-(Tauch-)Bad die Rede ist, werden diese Schichten als Immersionsgold bezeichnet [71, 119].

2.2.1.2 Eigenschaften der chemischen Beschichtung

Maximal können Goldschichtdicken von $0,15\,\mu m$ [71] bis $0,2\,\mu m$ [119] erzeugt werden. Die Goldschicht bleibt dabei immer etwas porig. Die Härte der Feingoldschicht liegt in etwa bei $40 - 80\,HV$ (vergleiche Tabelle 2.1).

Bei den NiP-Schichten wird in der Literatur von Einflüssen des Ni-Badalters auf die Eigenschaften der NiP-Schicht berichtet. Demnach wird mit steigendem Badalter und sonst gleichen Abscheidebedingungen ein immer größerer Anteil an Phosphor mit abgeschieden [70, S.130]. Der Phosphorgehalt der NiP-Schicht beeinflusst wesentlich die Feinstruktur. Während NiP-Schichten mit weniger als 8,5 m-% P einen mikrokristallinen Zustand aufweisen, besitzen NiP-Schichten mit mehr als 8,5 m-% P eine röntgenamorphe Struktur [119, 70, S.163]. Dieser Übergang muss natürlich als fließend betrachtet werden, so dass sich auch unterschiedliche Phasen ausbilden können. Die Oberfläche der NiP-Schicht und somit auch die Goldoberfläche werden, bedingt durch die mikrostrukturellen Veränderungen der NiP-Schicht, auch entscheidend durch den P-Gehalt beeinflusst. Über einen Bereich von 5 m-% bis 11 m-% Phosphor sind Härten von $500 - 600\,HV$ realistisch [46]. Eine Wärmebehandlung der NiP-Schicht bei ca. 300°C kann zur Ausbildung von kristallinen Phasen führen [70], die die Härte weiter beeinflussen. Die Topographie der NiP-Schicht wird dabei wesentlich vom pH-Wert des Elektrolyts bestimmt. Hohe pH-Werte haben eine große Abscheidegeschwindigkeit, verbunden mit einer großen Rauheit der NiP-Schicht, zur Folge [67]. Laut YOON *et al.* [122] und WEGERER [118] nimmt mit steigendem pH-Wert ebenfalls der Phosphorgehalt der Schicht ab und die NiP-Knospen werden größer. Somit sinkt auch die Anzahl der Knospen, da die Phosphoratome als Keimstellen dienen [70, S. 181]. Die Anzahl der freien Phosphoratome ist dabei invers proportional zum Radius der NiP-Knospen [70, S. 181]. Mit steigendem Phosphorgehalt steigt allerdings auch der spezifische elektrische Widerstand der Schicht [122].

2.2.2 Schichtsystem AuCo0,3/Ni/Cu-Legierung

Galvanisch Gold wird oftmals mit Härtungszusätzen wie Kobalt, Nickel oder Eisen abgeschieden. Die entstehende Goldlegierung wird daher auch als Hartgold bezeichnet. In dieser Arbeit sollen allerdings nur kobaltlegierte Hartgoldschichten mit 0,3 m-% Kobalt (AuCo0,3) betrachtet werden.

2.2.2.1 Galvanische Beschichtung

Unter Anlegen einer Spannung wird Gold aus einem (Kalium-)Goldcyanid-Elektrolyt an der Kathode, welche dem zu beschichtenden Bauteil entspricht, abgeschieden. Mit steigendem Gehalt an freiem Cyanid wird das Gold feinkörniger, bevor bei weiterer Erhöhung grobkristallines Gold abgeschieden wird [73]. Durch den eingesetzten Elektrolyt Kalium-Kobalt-Tridicyanosaurat(I) ($KCo[Au(CN)_2]_3$) enthält die Goldschicht die Elemente Kalium, Kobalt, Kohlenstoff und Stickstoff [21, 95].

Zuvor wird die galvanische Nickelschicht nach dem gleichen Prinzip abgeschieden. Zum Einsatz kommen überwiegend Sulfamatnickelelektrolyte ohne Zusätze.

2.2.2.2 Eigenschaften der galvanischen Beschichtung

Die Rauheit der Nickeloberfläche und damit auch der Goldoberfläche wird entscheidend durch die Nickelknospen bestimmt. Die sich im Nickel ausbildenden Knospen können durch Beschichtungsparameter des Sulfamatbades beeinflusst werden. Dadurch ergibt sich eine gleichmäßige Verteilung der Nickelknospen auf der Oberfläche. Ihre Größe kann durch die Stromdichte beeinflusst werden [10]. Untersuchungen von ANTLER [10] ergaben aber, zumindest bei geschmierten Kontakten, keinen signifikanten Einfluss der Knospen auf das Gleiten. Weitere Untersuchungen von ANTLER [7] mit und ohne Nickelzwischenschicht zeigten einen Einfluss auf den Reibungskoeffizienten, der im System mit Nickelunterlage kleinere Werte annahm. Die Erklärung hierfür liefern BOWDEN und TABOR [7], wonach dünne Goldschichten kleine Scherwiderstände besitzen und die darunterliegende Schicht (z.B.: Nickel) eine große Härte aufweist. Da im Mikrokontakt der Scherwiderstand des Goldes und die tragende Schicht mit entsprechender Härte wirken, wird der Reibungskoeffizient abgesenkt.

Hartgoldoberflächen sind aufgrund ihrer großen Verschleißbeständigkeit in Verbindung mit der gegenüber Feingold deutlich erhöhten Härte (siehe Tabelle 2.1) sowie wegen ihrer chemischen Inertheit unter Umgebungsbedingungen in der Steckverbinderindustrie weit verbreitet [88].

Härte [Quelle]	Feingold	galv. Hartgold	galv. Mattnickel
Vickers [87]	-	AuCo0,3: ca. 220 HV	-
Vickers [58]	40 − 80 HV	AuCo0,2: 160 − 220 HV	-
Knoop [72]	60 HK	200 HK	-
Knoop [6]	45 − 55 $^{kg}/_{mm^2}$	AuCo:190 − 234 $^{kg}/_{mm^2}$	-
Vickers [76]	-	AuCo: 170 − 200 HV	350 − 450 HV
Knoop [12]	-	-	300 − 550 $^{kg}/_{mm^2}$
Vickers [45]	60 − 80 HV	160 − 180 HV	-

Tabelle 2.1: Goldhärten aus der Literatur

Die oft berichtete, im Vergleich zu Feingold gute Verschleißbeständigkeit [15, 108] von AuCo-Schichten ist vermutlich auf mehrere Faktoren zurückzuführen.

- *Größere Härte:* Nichtmetallische Einschlüsse in der Goldmatrix führen nach NA-KAHARA [88] und HOLBOM *et al.* [63] bevorzugt zur Kornnukleation und zeichnen sich deshalb durch ein Gefüge mit kleinen Korndurchmessern aus. Die oftmals auch als „Polymere" bezeichneten Einschlüsse liegen in Poren vor, die von MÄUSLI *et al.* [87] auf einem Durchmesser von ca. 2 nm bestimmt werden konnten. Von vielen Autoren wurden die nichtmetallischen Einschlüsse unter anderem als Kobalt-Cyan-Komplexe indentifiziert [7, 30, 31, 88, 90]. Weitere Untersuchungen (siehe Tabelle 2.2) bestätigten die kleinen Korngrößen von etwa 17 − 35 nm für AuCo-Schichten. Untersuchungen von GOODMAN *et al.* [52] zeigten den Einfluss des Anteils an nichtmetallischen Einschlüssen, da sie bei extrem niedrig legierten AuCo0,05-Schichten größere Korndurchmesser (ca. 100 nm) herstellen konnten. Weitere Faktoren, die sich durch Behinderung von Versetzungen härtesteigernd auswirken können, wie Polymer/Gas gefüllte Poren, Kobaltcyanidmoleküle [80] oder Kobaltausscheidungen [58] leisten keinen großen Beitrag zur Härtesteigerung.

- *Trockenschmierstoff in der Goldmatrix:* Das gute Verschleißverhalten von sauren cyanidischen AuCo-Abscheidungen ist laut SOUTER [108] auf in der Schicht vor-

8

AuCo-Korngrößen	[Quelle]
ca.25 nm	[87]
ca. 17 nm	[58]
$22,5 - 27,5$ nm	[91]
ca. 35 nm	[88]
ca. 20 nm (AuCo0,3); ca. 100 nm (AuCo0,05)	[52]
$25 - 30$ nm	[80]

Tabelle 2.2: TEM-Korngrößenuntersuchungen von galvanischen AuCo-Schichten aus der Literatur.

handene (Kobalt-)Polymerverbindungen zurückzuführen, die als Schmiermittel wirken und somit Kaltverschweißungen verhindern. MÄUSLI *et al.* [87] weisen den in den Poren eingeschlossene Polymeren ebenfalls Eigenschaften eines Trockenschmierstoffs zu und führen dies als Grund für die guten Kontakt-eigenschaften von AuCo-Schichten an. Dass dieser Punkt allerdings durchaus kontrovers diskutiert wird, zeigt eine Aussage von ANTLER [6]. Er zeigt, dass es sich keinesfalls um eine Schmierung durch die in Hartgoldschichten vorliegenden Polymere handelt, sondern dass auf den Goldoberflächen organische Deckschichten aus der Luft adsorbieren können, die bei kleineren Lasten als Schmierfilm wirken.

- *Kleinere Duktilität:* Nach ANTLER [7] ist nicht nur die gegenüber Feingold erhöhte Härte der AuCo-Schichten für die gute Verschleißbeständigkeit verantwortlich, sondern auch die geringere Duktilität. Die Gründe hierfür liegen vor allem in den im Hartgold gleichmäßig verteilten Poren mit Kobalt-Cyanid-Komplexen (Durchmesser $2 - 7$ nm). Mit diesem Nebenprodukt des Abscheideprozesses werden sowohl die Härtesteigerung durch Kornnukleation, als auch kleinere Duktilität verknüpft. Für die beste Performance sollte das Kontaktmaterial so hart wie möglich sein, um die initiale Kontaktfläche klein zu halten. Eine geringe Duktilität wirkt dem Anwachsen der realen Kontaktfläche entgegen und kann somit den adhäsiven Verschleiß begrenzen. Eine zusätzliche Schmierung würde zudem den adhäsiven Verschleiß von Asperiten weiter eindämmen [7]. Auch MÄUSLI *et al.* [87] bescheinigt den Hartgoldschichten ein eher sprödes Verhalten. HARRIS *et al.* [58] formulieren diesen Einfluss etwas allgemeiner, indem sie den Polymereinschlüssen in den Poren die Fähigkeit zuschreiben, den adhäsiven Verschleiß zu minimieren.

Hartgoldschichten aus schwachsauren Elektrolyten mit Kobaltlegierungsanteilen haben sich größtenteils etabliert. Eine Mindestgoldschichtdicke von ca. $0,8\,\mu\text{m}$ wird oft empfohlen [41, 43, 121]. Das Hinzulegieren von Co erhöht neben der Härte auch den spezifischen elektrischen Widerstand ρ von $2,03\,\mu\Omega\,\text{cm}$ (reines Gold bei $0°\text{C}$) auf ca. $8\,\mu\Omega\,\text{cm}$ für AuCo0,2 [54].

Ein Nachteil der Hartgoldschichten gegenüber einem chemisch abgeschiedenen Gold sind die zusätzlichen Kosten, die durch die Werkstoffmenge und Prozesskomplexität generiert werden [76]. Zusätzlich dazu wird bei LP-Beschichtungen das Layout eingeschränkt. Die Kosten für galvanische Hartgoldschichten können durch die Nutzung von Bandanlagen gesenkt werden. Außerdem können die Hartgoldschichten selektiv, d.h. nur im Bereich der späteren Kontaktierung abgeschieden werden [121].

Galvanische Nickelüberzüge sind in DIN EN ISO 4526 [40] genormt. Nickelzwischenschichten mit Schichtdicken von ca. $1,5\,\mu\text{m}$ aus zusatzfreien Hochleistungs-Sulfamat-Nickelelektrolyten ergeben duktile Nickelschichten, die rissfrei biegbar sind [121]. STEIN-HÄUSER *et al.* [109] stellten bei abgeschiedenen Mattnickelschichten kolumnare Nickelstrukturen fest. Vor allem duktile Sulfamatmattnickelschichten sind härter als Gold und können dadurch den Goldverschleiß senken [5]. Härtemessungen an duktilen Mattnickelschichten $300 - 550\ ^{\text{kg}}/\text{mm}^2$ [12] zeigen eine gegenüber dem Hartgold nochmals erhöhte Knoop-Härte ($190 - 234\ ^{\text{kg}}/\text{mm}^2$ [6]). Nickelschichten unter dem Gold dienen somit auch als lastaufnehmende Schichten und ermöglichen es, dass das Terminalsubstrat nicht mit dem Hauptfokus Härte ausgewählt werden muss. Somit kann das Terminalsubstrat mit Blick auf Federeigenschaften, Relaxationsbeständigkeit und Leitfähigkeit ausgewählt werden. Dadurch verbleibt nur die Nickelzwischenschicht, um die Verbundhärte des Terminals zu erhöhen [12]. Der Hauptverschleißmechanismus bei nanokristallinem Nickel wurde dabei als feiner abrasiver Verschleiß beschrieben, während mikrokristalline Proben einen Ermüdungsverschleiß (starke Rissbildung) aufwiesen [55].

2.3 Lebensdauer- und Verschleißmodelle für vergoldete elektrische Kontakte

Die Einführung von Lebensdauer- und Verschleißmodellen hat den Zweck, die im Tribosystem wirkenden Verschleißmechanismen zu beschreiben. Durch dieses Wissen soll dann gezielt Einfluss auf die damit verbundene Lebensdauer genommen werden, um damit vergoldete elektrische Kontakte über die Lebensdauer zuverlässig auszulegen.

2.3.1 Lebensdauermodelle

Die Zuverlässigkeit eines Kontaktes zeichnet sich nach SWINGLER [111] durch die drei Hauptmechanismen aus. Dazu zählen das Versagen durch Korrosionsvorgänge, zu denen auch die Porenkorrosion zählt, sowie Mechanismen die zur Reduzierung der Normalkraft des Kontaktes führen, wie die Spannungsrelaxation. Der dritte Ausfallmechanismus sind die in dieser Arbeit untersuchten Verschleiß-, bzw. Schwingverschleißvorgänge, die durch eine Relativbewegung des Terminals hervorgerufen werden.

Bei schwingender Beanspruchung wird nach DIN 50100 [36] die Festigkeit von Bauteilen gegenüber dem Versagen durch Bruch mit Wöhlerkurven ermittelt. Da bei einem Einstufen-Versuch mehrere Versuche bei gleicher Beanspruchung durchgeführt werden, lässt sich die Streuung der Ergebnisse ebenfalls im Wöhlerdiagramm darstellen. Der Zeitfestigkeitsbereich, also der Bereich im Wöhlerdiagramm, bei dem nach endlichen Schwingspielen ein Versagen eintritt, kann mit folgendem Potenzgesetz beschrieben werden:

$$N = N_{\mathrm{D}} \left(\frac{\sigma_{\mathrm{a}}}{\sigma_{\mathrm{D}}} \right)^{-m}, \text{ für } \sigma_{\mathrm{a}} \geq \sigma_{\mathrm{D}}. \tag{2.1}$$

Die Berechnung erfolgt mit der Spannungsamplitude σ_{a}, dem Dauerfestigkeitswert σ_{D} und der Zyklenzahl N_{D} für den Übergang vom Zeitfestigkeits- zum Dauerfestigkeitsbereich. Eine doppeltlogarithmische Auftragung der Größen ermöglicht es daher, die Wöhlerkurve im Zeitfestigkeitsbereich als eine Gerade mit der Steigung m darzustellen. Die Steigung m beschreibt somit das Ausfallverhalten des Systems.

Da Wöhlerversuche mit unterschiedlichen Beanspruchungen durchgeführt werden, können die Zyklen bis EoL für unterschiedliche Lasthorizonte in das Wöhlerdiagramm übertragen werden. Die Zeitfestigkeitsgerade wird über eine lineare Regression in Abszissenrichtung ermittelt, d.h. die Summe der quadratischen Abweichungen der eingetragenen Punkte in x-Richtung zur Zeitfestigkeitsgeraden wird minimiert (Methode der kleinsten Quadrate). Um die Streuung der Ergebnisse im Zeitfestigkeitsgebiet zu bestimmen, werden sämtliche Versuchsergebnisse parallel zur ermittelten Zeitfestigkeitsgeraden auf einen Lasthorizont verschoben. Dieses als Perlenschnurverfahren [81] bekannte Vorgehen gewährleistet die Beschreibung der Ausfallhäufigkeit auf einem Lasthorizont für eine geringe Anzahl von Versuchen. Zur Abschätzung der Überlebenswahrscheinlichkeiten werden, bei Annahme einer Log-Normalverteilung, die Versuche in einem Wahrscheinlichkeitsnetz aufgetragen. Dazu muss allerdings die Steigung der Wöhlerlinie übernommen werden. Diese ist durch die zuvor ermittelte Zeitfestigkeitsgerade bekannt. Dabei werden die Zyklen N der durchgeführten n Versuche beginnend mit dem größten Wert einer Ordnungszahl j zugeordnet und für das jeweilige Versuchsergebnis eine Überlebenswahrscheinlichkeit nach ROSSOW [96] berechnet:

$$P_{\ddot{\mathrm{U}}} = \frac{3\,j - 1}{3\,n - 1} \tag{2.2}$$

Nachdem den Zyklen bis EoL die Überlebenswahrscheinlichkeiten zugeordnet wurden und diese im Wahrscheinlichkeitsnetz aufgetragen wurden, kann eine Ausgleichs-gerade mit Hilfe einer linearen Regression in Ordinatenrichtung bestimmt werden.

Die Wöhlerlinie ermittelt sich aus dem Median, also dem 50%-Quantil der Log-Normalverteilung. Ausgehend von etwa 10 Versuchen je Spannungsamplitude empfiehlt HAIBACH [56, S.32] eine Überlebenswahrscheinlichkeit von 90% als untere Grenze und eine Überlebenswahrscheinlichkeit von 10% als obere Grenze einzuführen. Die Streuung T_{N} im Zeitfestigkeitsgebiet kann also mit den 10% und 90% Überlebenswahrscheinlichkeiten berechnet werden:

$$\frac{1}{T_{\mathrm{N}}} = \frac{N_{10\%}}{N_{90\%}} \tag{2.3}$$

Die Wöhlerlinie selbst, also die Überlebenswahrscheinlicheit von 50%, sowie die Streuspanne T_{N} dürfen allerdings nur als Schätzwerte für die wahren Werte angenommen werden, da sie sich aus einer verhältnismäßig kleinen Stichprobe ableiten. Nur innerhalb der Vertrauensbereiche ist eine Übereinstimmung der Schätzwerte mit den wahren Werten für eine bestimmte Vertrauenswahrscheinlichkeit (hier 90%) gegeben. Die Berechnung der Vertrauensbereiche erfolgt dabei über den Risikofaktor $j_{c,n}$[81]:

$$j_{c,n} = \left(\frac{1}{T_N}\right)^{u_c/(2,56\sqrt{n})} \qquad (2.4)$$

Somit geht in die Berechnung des Risikofaktors die Streubreite T_N, die Versuchsanzahl n, sowie der Wert u_c der sich aus dem t-Quantil für einen zweiseitigen Vertrauens-bereich ergibt (u_c ist aus einem Tabellenwerk für die t-Verteilung zu entnehmen) ein. Der Stützpunkt für den Vertrauensbereich errechnet sich für eine 90%-ige Vertrauens-wahrscheinlichkeit mit:

$$N_{50\%,\mathrm{P_c}=90\%} = \frac{N_{50\%}}{j_{c,n}} \qquad (2.5)$$

Wird der Vertrauensbereich in einem durch das Perlenschnurverfahren ermittelten Wöhlerdiagramm angegeben, so handelt es sich immer um eine Parallele zur Wöhlerlinie, da die Streuspanne T_N konstant ist. Ist die Beanspruchung, bzw. das Last-kollektiv bekannt, so können mit Hilfe des Wöhlerdiagramms die ertragbaren Lastspiele bis zum Systemausfall ermittelt werden. Im Wöhlerdiagramm selbst werden allerdings oft nicht die Überlebenswahrscheinlichkeiten $P_{\ddot{U}}$, sondern die Ausfallwahrscheinlichkeiten P_A aufgetragen:

$$P_A = 1 - P_{\ddot{U}} \qquad (2.6)$$

Der Dauerfestigkeitsbereich kann über die Probit-Methode bestimmt werden (siehe z.B. [81]).

Nach DIN 50100 [36] lässt sich auch für Dauerschwingversuche unter Reibkorrosion das Wöhlerverfahren anwenden. Allerdings sollen in dieser Arbeit nicht die Lastspielzahlen für einen Bruch ermittelt, sondern abweichend von DIN 50100 die Zyklenzahlen bis zum Erreichen eines elektrischen Abbruchkriteriums aufgrund von Schwingverschleiß ermittelt werden. Angesichts der ähnliche Vorgehensweise, aber grundsätzlich unterschiedlicher Belastungen und Ausfallmechanismen wird im Folgenden nicht von einem Wöhlerdiagramm, sondern von einem Lebensdauerdiagramm gesprochen. Die grundsätzliche Vorgehensweise soll aber dem des klassischen Wöhlerversuchs entsprechen. Aufgetragen werden im Lebensdauerdiagramm somit die Zyklen der ertragbaren Schwingbeanspruchung bis zu einem definierten EoL, sowie die dabei angelegte Schwingweite. Der Ansatz, wöhlerartige Schwingverschleißauswertungen vorzunehmen, ist nicht neu. LISKIEWICZ *et al.* [79] verwendeten einen Energie-Wöhleransatz, um den Schwingverschleiß von Titanhartschichten auf Stahl zu untersuchen.

2.3.2 Schwingverschleiß von elektrischen Steckkontakten

Elektrische Steckkontakte im Kraftfahrzeug sind, bedingt durch den Fahrbetrieb und Umwelteinflüssen, sowohl Vibrationen als auch Temperaturgradienten ausgesetzt, welche zu Verschiebungen des Kontaktpunktes führen. Vibrationen führen dabei zu eher hochfrequenten Schwingungen mit vergleichweise kleinen Amplituden. Die sich durch einen Temperaturgradienten ergebenden Schwingungen hingegen sind niederfrequent mit großen Amplituden. Der sich im Kontakt einstellende Schwingungsverschleiß wird im englischsprachigen Raum als „fretting" bezeichnet. Ist die sich im Kontakt befindliche Goldschicht durchgerieben, finden Korrosionsprozesse statt, welche isolierende Partikel und Schichten im Kontakt bilden und eine unterbrechungsfreie Signalübertragung nicht mehr gewährleisten. Dieser durch den Schwingverschleiß ausgelöste korrosive Prozess wird dann als „fretting corrosion" bezeichnet.

Bei schwingender Beanspruchung unterscheidet die Literatur zwischen Schwingverschleiß und reversierendem Gleitverschleiß (vergleiche Abbildung 2.2). Das Unterscheidungsmerkmal ist hierbei die Schwingweite. Sind die beiden Hertz'schen Kontaktzonen nicht mehr ständig im Eingriff, so befindet man sich im Bereich des reversierenden Gleitens („reciprocating sliding").

Entscheidenden Einfluss auf das Frettingverhalten des Kontaktes hat die Normalkraft oder die daraus resultierende Flächenpressung, sowie die sich einstellende Amplitude, beziehungsweise die der Amplitude entgegenwirkende Reibkraft. Somit lässt sich das Tribosystemverhalten in drei Bereiche einteilen [98]:

• Stick – Haften: Im Haftbereich werden die makroskopischen Bewegungen durch die elastische Verformung der oberflächennahen Bereiche beider Kontaktpartner aufgenommen.

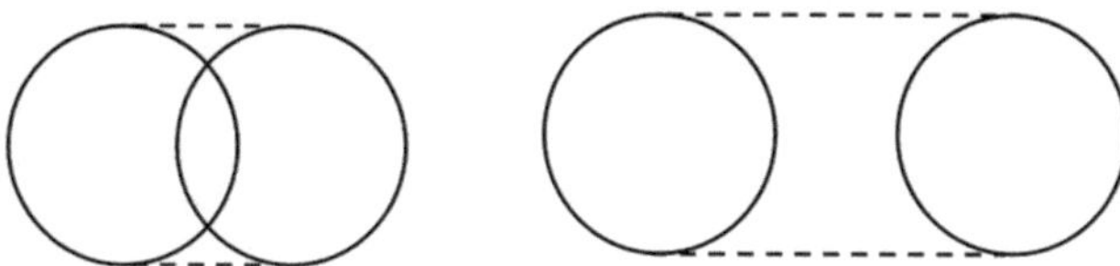

Abbildung 2.2: Links: Schwingweite mit Überlappungszone beim Schwingverschleiß; Rechts: Schwingweite ohne Überlappung beim reversierenden Gleitverschleiß.

- Partial-Slip – partielles Gleiten: Im Partial-Slip-Regime (PSR) wird, wie in Abbildung 2.3 zu sehen, eine innere Haftzone („sticking area") und eine äußere Gleitzone, („slipping annulus") beobachtet. Generelle Beobachtungen zeigen, dass im PSR der Übergangswiderstand niedrig und stabil bleibt. Der Hauptverschleißmechanismus in diesem Bereich sind Ermüdungserscheinungen (z.B. Rissbildung) [34].

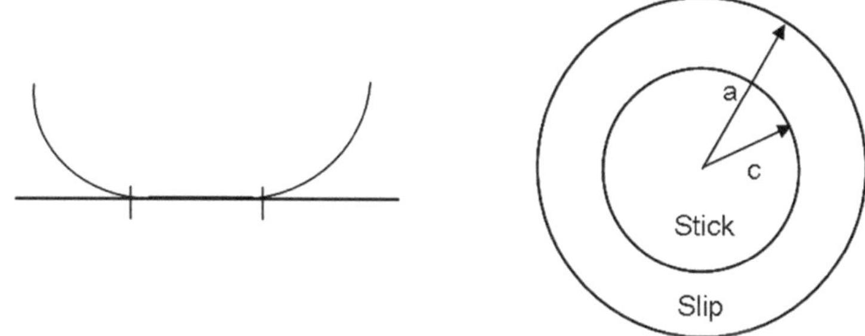

Abbildung 2.3: Aufteilung des Kontaktgebietes in einen Haft (Stick) - und Gleit-(Slip)-Anteil.

- Gross-Slip – Gleiten: Im Gross-Slip-Regime (GSR) ist die Schwingweite groß genug, um alle Asperitenkontakte im halben Zyklus aufzutrennen und klein genug, um unter der Kontaktbreite zu liegen [77]. Das elektrische Versagen des Kontaktes ereignet sich im GSR. Hier wirken Verschleißvorgänge wie Adhäsion und Abrasion, die bei Freilegung des Nickels eine Tribooxidation des Kontaktes bewirken.

ANTLER [16] beschreibt die regime-typischen Schwingweiten für den Haftfall mit etwa $1\,\mu m$, für das PSR mit $5\,\mu m$ und für das GSR mit $10 - 100\,\mu m$. Diese Angaben sind natürlich abhängig von den vielen Einflussfaktoren (z.B. Schichtaufbau) und sollen nur einen Anhaltspunkt für die zu erwartenden Regime bei entsprechenden Schwingweiten geben.

Die Bestrebungen führen dahin, durch konstruktive Anpassungen des Steckers die Normalkraft und somit die Reibkraft so zu erhöhen, dass sich im Belastungsfall das PSR einstellt. Ausgehend von der Hypothese, dass der Übergangswiderstand im Partial-Slip über lange Beanspruchungszeiten konstant bleibt und die Hauptschädigung des Kontaktes durch die Relativbewegung im Gross-Slip verursacht wird, kommt dem Übergang vom Partial-Slip zum Gross-Slip eine große Bedeutung zu. Da aber durch die hohen Normalkräfte der einzelnen Terminals die Steckkraft des gesamten Steckers erhöht wird, muss ein Kompromiss zwischen genügend großer Normalkraft und akzeptabler Steckkraft gefunden werden. Dies hat unter Umständen zur Folge, dass bei Vibrationsbeanspruchung der Kontakte Relativverschiebungen im Bereich des GSR auftreten.

2.3.3 Verschleißmechanismen und Verschleißmodelle für vergoldete elektrische Kontakte

Verschleißuntersuchungen von vergoldeten elektrischen Kontakten wurden bisher hauptsächlich für Feingoldpaarungen oder Hartgoldpaarungen untersucht. Die Paarung Au/NiP vs. AuCo0,3/Ni wurde bisher noch nicht tiefgreifend untersucht. Um trotzdem Rückschlüsse auf die in diesem System wirkenden Verschleißmechanismen ziehen zu können, werden die bisher beschriebenen Verschleißmodelle für vergoldete elektrische Kontakte vorgestellt.

2.3.3.1 Lokale Verschleißmodelle und Verschleißmechanismen

Das Goldverschleißmodell von ANTLER [7] beschreibt einen adhäsiven Übertrag vom flachen Grundköper auf das Terminal beim Gleiten. Dieser Übertrag wurde von Antler als „prow formation" eingeführt. Dies beschreibt einen Materialübertrag auf das Terminal, der einem Schiffsbug ähnelt und der auf die Terminalseite in Bewegungsrichtung aufgetragen wird. Der Materialübertrag auf dem Terminal schädigt den flachen Grundkörper durch plastische Verformung und Furchung. Vor allem bei weichen Materialien die mit relativ großen Lasten beansprucht werden, ist dieser Materialübertrag zu beobachten. Eine Reinigung des Systems verstärkt dabei noch einmal diesen Effekt [15]. Nach mehreren Überfahrungen kehrt sich der Materialübertrag auf die größere Kontaktfläche um. Der flache Grundkörper gewinnt durch Materialübertrag an Masse, während das Terminal an Masse verliert („rider wear"). Dabei werden auch lose Verschleißpartikel erzeugt [5], deren Härte durch Verfestigungsvorgänge größer als die des Terminalmaterials ist. Die Überträge werden beim Transfer durchgeknetet und weisen deshalb eine geschichtete Struktur aus dünnen Schichten auf [7]. Diese Beobachtungen wurden allerdings für ein hartes Terminal und einen weicheren Grundköper gemacht. Vor allem bei weichen oder duktilen Materialien wie Gold können während des Schwingverschleißprozesses Kaltverschweissungen und Materialübertrage auftreten [9]. Besitzen beide Kontaktoberflächen die gleiche Härte, so können Materialüberträge auf beiden Körper auftreten [9]. Bei unterschiedlicher Materialpaarung bilden sich selbst bei einem härteren Grundkörper Überträge auf dem Terminal, wenn die Härte nicht um den 3- bis 5-fachen Wert überschritten wird. Sowohl der Reibungskoeffizient als auch der Übergangswiderstand werden dann durch das Transfermaterial bestimmt. Der Materialübertrag muss dabei härter werden als die Härte des Grundkörpers, um diesen zu schädigen. Härtemessungen an Goldabriebpartikeln bestätigten diese Vermutung und weisen eine deutliche Erhöhung der Härte um fast den doppelten Wert nach [5, 15].

Tribosysteme mit hartem Grundkörper und weichem Terminal zeigen einen frühen Materialtransfer vom Terminal auf den Grundkörper durch ein Aufschmieren von Metall. Teilweise wird dieser Übertrag nach mehreren Überfahrungen wieder vom Terminal aufgenommen und kaltverfestigt. Dadurch konnte auch der harte Grundkörper gepflügt werden [15, 5]. Knoop-Härtemessungen von unverschlissenem Gold ($84\ ^{kg}/_{mm^2}$) und Goldverschleißpartikeln ($106 - 131\ ^{kg}/_{mm^2}$) zeigen eine deutliche Härtesteigerung der Goldverschleißpartikel [14]. Die Größe des „prows" steht dabei in inverser Beziehung zur Härte [7].

Die Hauptanteile der Reibung bei „prow formation" und „rider wear" sind vermutlich Adhäsion, Pflügen und das Verhaken von Asperiten [15]. Der Verschleißabrieb wird bei reversierender Bewegung an den Verschleißspurenden ausgeworfen. Eine Erhöhung der Normalkraft verursacht einen früheren Übergang vom Materialübertrag auf den Terminalverschleiß. Einen weiteren Einfluss hat die Rauheit des flachen Grundkörpers, welche eine entscheidende Rolle beim Verschleiß des Terminals spielt [15].

Bei dünnen Goldschichten wird die Last durch die darunterliegenden harten Nickelschichten aufgenommen. Daraus resultiert eine kleine reale Kontaktfläche. Der Scherwiderstand hingegen wird durch die Goldschichten bestimmt. Dickere Goldschichten führen somit zu einer Vergrößerung der realen Kontaktfläche und damit zu größeren Reibwerten [7]. Kontaktsysteme mit Hartgoldschichten zeichnen sich hingegen durch einen im Vergleich zu reinem Gold niedrigeren Reibungskoeffizienten aus [3, 52].

Der adhäsive Verschleiß hängt ebenfalls eng mit der realen Kontaktfläche zusammen. Große Kontaktflächen, wie sie durch duktile Materialien entstehen, unterstützen die Bildung von Materialüberträgen. Deshalb sollte ein Kontakt so hart wie möglich sein und eine geringe Duktilität aufweisen. Das Einbringen eines Zwischenmediums behindert zusätzlich dazu den adhäsiven Verschleiß [7]. Bei dünnen Schichten und einer Beanspruchung über große Schwingwege hängt laut ANTLER [12] die Lebensdauer deshalb ganz entscheidend von der Verbundhärte des Schichtsystems ab.

Bei Au/Ni-Paarungen stellte ANTLER [13] fest, dass Gold auf die härtere Nickeloberfläche übertragen wurde und sich ein niedriger Übergangswiderstand einstellte. ANTLER spricht Nickeloberflächen deshalb die Eigenschaft zu durch Kaltverschweißungen makroskopische Goldpartikel aufzunehmen.

All diese Mechanismen wurden sowohl für Feingoldpaarungen, als auch für Hartgoldpaarungen beobachtet, allerdings in unterschiedlich starker Ausprägung.

TIAN *et al.* [113] führen ein dreistufiges Verschleißmodell bis zum elektrischen Versagen des Kontaktes durch Schwingverschleiß an. In der ersten Stufe werden die Hartgoldschichten auf beiden Oberflächen in Richtung der Schwingung aus dem Kontakt gedrängt. Auf der Terminalseite wird die Hartgoldschicht in der Kontaktmitte durchgerieben. Im Weiteren bilden sich plättchenförmige Überträge auf dem Terminal. Die Hartgoldschicht des flachen Grundkörpers ist weiterhin geschlossen und der Übergangswiderstand nimmt niedrige Werte an. Während der zweiten Stufe bilden sich Risse auf der Oberfläche oder in der Nickel-Messing-Grenzfläche des Terminals. Die Hartgoldschicht des Grundkörpers wird in dieser Stufe durchgerieben. Aus der Terminaloberfläche lösen sich Nickel-Messing-Partikel die teilweise adhäsiv auf den Grundkörper übertragen werden. Der Übergangswiderstand beginnt in dieser Phase anzusteigen. In der dritten Phase lösen sich weitere oxidierte Partikel aus der Terminaloberfläche, die sich unter anderem in der Verschleißspur des Grundkörpers ansammeln. Der Übergangswiderstand steigt in dieser Phase weiter an, bis es durch eine ausreichend große Bedeckung des Kontaktes mit Oxiden zum elektrischen Ausfall kommt. Das Versagen des Schichtsystems durch Delamination ist somit laut TIAN *et al.* [114, 113] auf Ermüdung bei niedriger Lastspielzahl („low cycle fatigue") zurückzuführen.

Untersuchungen des Goldverschleißes durch ANTLER über eine Zeitspanne von über 40 Jahren sowie die größtenteils übereinstimmenden Beschreibungen der wirkenden Verschleißmechanismen durch weitere Autoren führen zur folgenden Zusammenfassung der Verschleißmechanismen von vergoldeten Kontakten:

- *Adhäsiver Verschleiß, Materialüberträge, „prow formation":* HERKLOTZ *et al.* [59] und GEHLERT *et al.* [51] beschreiben den adhäsiven Verschleiß als dominierenden Verschleißmechanismus von Edelmetallschichten. Durch die Neutronenaktivierung der Goldoberfläche einer der Kontaktpartner untersuchten PÉRIÉ *et al.* [94] den Goldübertrag. Sie stellten fest, dass während den ersten Zyklen eine große Menge Gold den Kontaktpartner wechselt und nach etwa 100 Zyklen bei einer Gleitstrecke von 4,5 mm sich ein linear wachsender Goldübertrag einstellt. Dabei ist der Übertrag vom Kontaktpartner mit der größeren Kontaktfläche, also dem Pin, auf den Körper mit kleineren Kontaktfläche, dem Terminal, größer als andersherum. IWABUCHI *et al.* [66] beobachteten bei Reibversuchen an Goldpaarungen den Verschleiß der Goldschicht und den damit einhergehenden Übertrag von Goldverschleißpartikeln auf den gegenüberliegenden Körper. Eine größere Normalkraft verstärkt dabei den adhäsiven Verschleiß. Auch GOODMAN *et al.* [52] beobachteten sowohl bei Feingoldpaarungen, als auch bei Hartgoldpaarungen einen adhäsiven Verschleiß, der bei den Hartgoldpaarungen vergleichbar mit der „prow formation" von ANTLER ist. GEHLERT *et al.* [51] zeigten, dass in Reibverschleißversuchen die AuCo-Selbstpaarung eine größere elektrische Lebensdauer aufweist als die Feingoldselbstpaarung (beide galvanisch unternickelt), bei gleicher Goldschichtdicke.

- *Abrasiver Verschleiß, Bildung von Verschleißpartikeln:* Kaltverformte Verschleißpartikel können aufgrund ihrer größeren Härte im Kontakt zu abrasivem Verschleiß führen [59]. BERNARD *et al.* [23] beobachteten während des Schwingverschleißes von vergoldeten Kontaken einen Goldmaterialübertrag, gefolgt vom Durchrieb der Goldschicht und einem oxidativen Verschleiß der Nickelschicht mit Bildung von freien Verschleißpartikeln im Kontakt. Auch bei Bryant [27] werden während des Schwingverschleiß Verschleißpartikel beobachtet, die außerdem durch den Partikeltransport teilweise aus der Kontaktzone ausgeworfen werden.

- *Bildung von aufplattierten Schichten, bzw. Partikelauswurf aus der Kontaktzone:* Waine et al. [117] zeigten an vergoldeten Kontakten, dass sich an den Enden der Verschleißspur Verschleißpartikel ansammelten und sich auf dem Terminal ein Materialauftrag bildete. Goodman et al. [52] beobachteten bei Hartgoldpaarungen vor allem in der Mitte der Verschleißspur die Einebnung der Reibspur bei gleichzeitiger Bildung von Verschleißpartikeln. Die Verschleißpartikel wurden an den Rand der Verschleißspur transportiert und wieder aufplattiert. Auch Bryant [27] konnte die Bildung von isolierenden Schichten und die Anhäufung von Verschleißpartikeln im Kontakt beobachten.

Die beschriebenen Verschleißmechanismen treten anfangs auch in der genannten Reihenfolge auf. Aufgrund des nicht einheitlichen Verschleißes der gesamten Kontaktfläche liegen sie nach den ersten Materialüberträgen und Kaltverfestigungsvorgängen auch parallel vor.

2.3.3.2 Physikalisches Verschleißmodell

Archard et al. [17] formulierten folgende Proportionalitätsgleichung zur Berechnung eines Verschleißvolumens V_w unter Einbeziehung eines Proportionalitätsfaktors k, auch Verschleißkoeffizient genannt, der Normalkraft F_N und des insgesamt zurückgelegten Wegs x:

$$V_\mathrm{w} = k\, F_\mathrm{N}\, x \qquad (2.7)$$

Dieser Ansatz bedeutet gleichzeitig, dass das Verschleißvolumen proportional zur eingebrachten Reibarbeit bzw. der eingebrachten Reibenergie ist:

$$V_\mathrm{w} \sim \mu\, F_\mathrm{N}\, x \qquad (2.8)$$

Nach dem Einlaufen der Oberflächen ist die Verschleißrate konstant. Dabei ist besonders herauszuheben, dass dieses Verschleißmodell für Werkstoffpaarungen mit den verschiedensten Verschleißmechanismen gilt. Somit können sowohl Tribosysteme mit großen

Verschleißraten, als auch Systeme mit kleineren Verschleißraten beschrieben werden. Die Proportionalität zur Reibenergie ist allerdings nur gegeben, wenn sich die Oberflächeneigenschaften (nach dem Einlauf) nicht mehr signifikant ändern. Diese Änderung würde sich auf den Verschleißkoeffizienten k auswirken.

Bei einer schwingenden Beanspruchung ergibt sich der Gesamtgleitweg x aus der Schwingweite Δx und der Anzahl der Schwingwechsel, also der Zyklenzahl N. Das Verschleißvolumen nach Formel 2.7 berechnet sich dann wie folgt:

$$V_{\mathrm{w}} = k\, F_{\mathrm{N}}\, 2\Delta x\, N \tag{2.9}$$

Der Verschleißkoeffizient k muss empirisch ermittelt werden. Unter Angabe der Normalkraft, der Schwingweite und der Zyklenzahl bis EoL kann somit ein Verschleißvolumen bei EoL berechnet werden.

2.3.4 Übergangswiderstand

Der Übergangswiderstand $R_{\mathrm{ü}}$, auch Kontaktwiderstand genannt, ist in dieser Arbeit das elektrische Ausfallkriterium der elektrischen Steckkontakte. Wie zuvor dargestellt wurde, führt der Schwingverschleiß zum Versagen des Kontaktes durch eine Erhöhung des Übergangswiderstands. Der Übergangswiderstand setzt sich dabei aus dem Fremdschichtwiderstand und dem Engewiderstand R_{e} zusammen. Für einen Mikrokontakt ergibt sich nach Holm [61] der Engewiderstand zu:

$$R_{\mathrm{e}} = \frac{\rho}{2a} \tag{2.10}$$

Der Engewiderstand ist somit abhängig vom spezifischen Materialwiderstand ρ und der Geometrie des Mikrokontaktes mit Kontaktradius a. Der Engewiderstand für viele Mikrokontakte ergibt sich durch die Summe der Einzelkontakte der realen Kontaktfläche. Die sich im Kontakt berührenden Asperiten, a-Spots genannt, reduzieren die Fläche durch die der Strom treten kann und erzeugen dadurch diesen zusätzlichen Widerstand. Des Weiteren hat jedes im Schichtsystem vorhandene Material seinen eigenen spezifischen Widerstand ρ, der den Engewiderstand beeinflusst. Generell wird dieser Widerstand durch im Material vorhandene Gitterbaufehler wie Versetzungen und Korngrenzen erhöht. Der temperaturabhängige Schwingungsanteil des Metallgitters erhöht ebenfalls den spezifischen Widerstand [103]. Unter den größten Einflussparametern auf den Übergangswiderstand sind die Anzahl und Verteilung der a-spots, die sich unter anderem aus der Härte der Kontaktpartner und der Normalkraft ergeben [92].

Aufgrund der Oberflächenbelegung mit Oxidschichten, Verschmutzungen oder Schmiermittelschichten ergibt sich zwischen den berührenden Asperiten ein sogenannter Fremdschichtwiderstand. Bestehen diese Schichten nur aus wenigen Atomlagen, so durchtunneln die Elektronen diese Schichten [68]. Fremdschichten von $1 - 2$ nm Dicke können verlustfrei durchtunnelt werden, so dass sich der Übergangswiderstand nicht ändert [103]. SCHNABL [102] und VINARICKY [115] führen ebenfalls eine Fremdschichtdicke von < 3 nm an, bei der sich kein nennenswerter Widerstand ergibt. Laut ANTLER [4] führen Fremdschichten auf Goldoberflächen zu einer nur geringen Überhöhung des Übergangswiderstand, wenn sie eine Dicke von $0,5 - 1$ nm nicht überschreiten.

Durch den Stromfluss kann eine zwischen Kontaktoberflächen vorhandene schlecht leitende Fremdschicht zerstört werden. HOLM [62] bezeichnet diesen Vorgang als die Frittung eines elektrischen Kontaktes. Durch die Frittung des Mikrokontaktes sinkt der Übergangswiderstand ab. HOLM unterscheidet zwischen der A- und B-Frittung. Die A-Frittung läuft an einem schlecht leitenden Mikrokontakt ab. Die Temperatur in der Kontaktestelle erhöht sich dabei über die Entfestigungstemperatur des Materials. Durch plastisches Fließen wird dann ein metallischer und damit gut leitfähiger Strompfad ausgebildet. Entspricht die Temperatur im Mikrokontakt der Schmelztemperatur, so wird durch lokales Aufschmelzen ein leitender Pfad gebildet [32]. Die treibende Kraft hinter der Frittung ist der Potentialunterschied über dem Kontakt. Aufgrund der Spannung kann dieser a-Spot durch die B-Frittung ausgeweitet werden. Frittung setzt erst beim Überschreiten der sogenannten Frittspannung ein und wird schon bei Spannungen um ein Volt beobachtet [62].

Während des Schwingverschleißvorgangs und der dabei stattfindenden korrosiven Prozesse bilden sich schlecht leitende Schichten, durch die der Übergangswiderstand ansteigen kann, bis eine unterbrechungsfreie Signalübertragung nicht mehr gewährleistet ist. Bei Niedrigstrom-, bzw. Niedrigspannung-Anwendungen sind die auftretenden Spannungen meist so klein, dass keine Frittung auftritt.

Die Grenzwerte des Übergangswiderstands sind stark von der jeweiligen Anwendung des Steckkontaktes abhängig. Für einen Großteil der Anwendungen werden in der Literatur übereinstimmende Grenzwerte für den Übergangswiderstand angegeben (siehe Tabelle 2.3).

Autor	Grenzwert des Übergangswiderstands
Horn [65]	$10 - 20\,\mathrm{m\Omega}$
Suh [110]	$< 20\,\mathrm{m\Omega}$
Swingler [111]	$10\,\mathrm{m\Omega}$

Tabelle 2.3: Übergangswiderstandsgrenzwerte aus der Literatur.

ANTLER [8] schreibt Kontakten die nach 10^5 Zyklen einen $R_{\ddot{u}} < 10\,\mathrm{m\Omega}$ aufweisen ein gutes Kontaktverhalten zu.

In der Verschleißspur reichen einige wenige Goldasperitenkontakte aus, um einen niedrigen Übergangswiderstand zu gewährleisten [13]. Nach BRYANT [27] kommt es zum elektrischen Ausfall des Kontaktes durch die Bildung von isolierenden Schichten und die Anhäufung von Verschleißpartikeln im Kontakt, so dass nur noch wenige bis keine elektrisch leitenden Pfade vorhanden sind. TIAN *et al.* [113] führen ebenfalls eine ausreichend große Bedeckung des Kontaktes mit Oxiden an, damit es zum Anstieg des Übergangswiderstands kommt und somit zum elektrischen Ausfall. Messungen von ANTLER [8] präzisieren diese Angabe. Er stellte fest, dass der Übergangswiderstand zwischen der Verschleißspurmitte und den -enden aufgrund von Abriebspartikeln um mehrere Größenordnungen unterschiedlich sein kann. Der maximale Übergangswiderstand wurde an den Enden der Verschleißspur gemessen. Reibversuche von LIN *et al.* [78] mit Au/Ni-Paarungen zeigten, dass der Übergangswiderstand niedrig und stabil ist, solange der Goldanteil in der Reibspur mindestens 10% beträgt.

2.3.5 Beschreibung von Einflüssen auf die Zuverlässigkeit und den Verschleiß von vergoldeten elektrischen Kontakten

Aus der Literatur sind einige Untersuchungen von Einflussparametern auf die Zuverlässigkeit des tribologischen Systems eines elektrischen Steckkontaktes bekannt. Diese Untersuchungen beziehen sich im Falle von vergoldeten Steckverbindern allerdings fast ausschließlich auf Hartgold- oder Feingoldgleichpaarungen. Um trotzdem Hinweise auf mögliche Einflussfaktoren zu gewinnen, werden schon veröffentlichte Untersuchungen in diesem Abschnitt zusammengefasst.

Relativbewegungen, die in Steckverbindern auftreten, können von wenigen Mikrometern bis hin zu mehr als 100 µm reichen [29]. MCBRIDE *et al.* [83] geben typische Schwingweiten von >10 µm an. ANTLER *et al.* [13] beziffert die Relativbewegung auf wenige Mikrometer bis hin zu mehreren 10 µm [8]. Die signifikanten Einflussgrößen auf „fretting corrosion" sind laut BRYANT [27] die Frequenz, die Schwingweite, die Normalkraft, die elektrische Last, die Substrat- und Beschichtungswerkstoffe sowie eingesetzte Schmierstoffe. Typische im Kraftfahrzeug auftretende Vibrationen bewegen sich zwischen 10 − 2.000 Hz [24]. VAN DIJK [33] gibt die bei Vibration auftretenden Frequenzen mit 10 − 50 Hz an, womit je nach Anwendung 36.000 − 180.000 Zyklen in der Stunde möglich sind. Die Anzahl der Thermohübe beziffert er über die Produktlebensdauer auf 10.000 − 100.000 Zyklen. Dies ist natürlich wieder stark abhängig von der Anwendung. Temperaturmessungen im Motorraum von SWINGLER *et al.* [112] an abgedichteten Steckverbindern, angebracht an Karosserie und Motor, erbrachten Temperaturen von maximal 70°C.

2.3.5.1 Einfluss der Schwingweite

Der Einfluss der Schwingweite auf die Zuverlässigkeit von vergoldeten elektrischen Kontakten wurde bereits von einigen Autoren untersucht. AUKLAND *et al.* [19, 20] untersuchten den Einfluss der Schwingweite (10 und 50 µm) auf die Lebensdauer von unternickelten Goldpaarungen aus cyanidischen (AuCo) und sulfitischen (Au) Bädern. Versuche bei größerer Schwingweite lieferten bei beiden Goldarten vergleichbar geringere Lebensdauern als bei kleinen Schwingweiten. BROCKMAN *et al.* [26] untersuchten den Einfluss der Schwingweite auf verschmutzen Goldoberflächen und stellten fest, dass mit größeren Schwingweiten die Verschmutzungen effektiver aus dem Kontakt entfernt wurden. Untersuchungen des Einflusses der Schwingweite von TIAN *et al.* [113] zeigten, dass mit zunehmender Schwingweite die Kontakte früher elektrisch versagen. Ihre Beobachtungen zeigten auch, dass der zurückgelegte Gesamtweg bei Belastung durch verschiedene Schwingweiten nicht konstant ist und mit steigender Schwingweite eher abnimmt. Steigende Schwingweiten führten auch bei MORSE *et al.* [85] zu früheren elektrischen Ausfällen. Untersuchungen von HOPPE *et al.* [64] zeigten ebenfalls abnehmende Lebensdauern bei größeren Schwingweiten. ANTLER [7] konnte einen direkten Zusammenhang zwischen der Schwingweite und dem Materialübertrag feststellen. Je kleiner dabei die Schwingweite, umso weniger signifikant war der Materialübertrag.

2.3.5.2 Einfluss der Frequenz bezogen auf die Zyklen

Die in der Literatur berichteten Frequenzeinflüsse müssen differenziert betrachtet werden, da bei trockenen Schwingverschleißversuchen vom Einfluss der Frequenz (bezogen auf die Zyklen) bezüglich dem Oxidationsverhalten der Oberfläche gesprochen wird und sich das Oxidationsverhalten unterschiedlicher Materialien sehr unterscheidet. EL ABDI *et al.* [44] stellten bei Untersuchungen von 2 µm dicken Goldschichten (Cu/Ag/Au) einen Frequenzeinfluss fest. Bei Untersuchungen von kleinen Frequenzen (1 Hz) trat die elektrische Auffälligkeit des Kontaktes eine Größenordnung früher auf als bei Versuchen mit 100 Hz. Auch die Untersuchungen von BEN JEMAA *et al.* [22] (2 µm dickes Au ohne Unternickelung) zeigten bei einer Reduzierung der Frequenz von 100 Hz auf 1 Hz einen, um etwa eine Größenordnung, früheren elektrischen Ausfall. Bei ANTLER *et al.* [13] zeigte sich bei einem Au/AuCo-Kontakt (Kupfersubstrat ohne Unternickelung) bei kleineren Frequenzen ein früherer Ausfall bezogen auf die Zyklen (0,4 Hz vs. 2 Hz). Dieser Einfluss wurde von allen Autoren jeweils mit der größeren Oxidationsrate des Substrats durch eine längere Exposition der Substratoberfläche an der Atmosphäre begründet. Allerdings handelte es sich dabei jeweils um eine Kupferoxidation, die nicht mit dem hier behandelten Tribosystem mit einer unternickelten Goldschicht zu vergleichen ist. SWINGLER [111] konnte für niederfrequente Schwingverschleißuntersuchungen zwischen 0,79 mHz und 2,38 mHz bei unternickelten Goldproben keinen Einfluss der Frequenz feststellen.

2.3.5.3 Einfluss der Goldschichtdicke

AUKLAND *et al.* [19, 20] untersuchten den Einfluss von unterschiedlichen Golddicken (0,25/1,5 µm) auf die Lebensdauer im Schwingverschleißtest. Die größere Goldschichtdicke führte dabei zu deutlich größeren Lebensdauern. Untersuchungen von VAN DIJK *et al.* [34] an goldbeschichteten Kontakten zeigten ebenfalls einen signifikanten Einfluss der Goldschichtdicke auf den Übergangswiderstand bei Schwingverschleißversuchen. Größere Goldschichtdicken führten hier ebenfalls zu einer größeren Lebensdauer. Auch die AMP

GOLDEN RULES [3] geben bei größerer Goldschichtdicke eine Verlängerung der Lebensdauer an. Schwingverschleißversuche mit unterschiedlichen Gold- und Nickelschichtdicken (Au: $0,6\,\mu m$/Ni: $1,5\,\mu m$ und Au: $1,4\,\mu m$/Ni: $2,6\,\mu m$) von BURESCH *et al.* [28] zeigten ebenfalls eine deutlich größere Lebensdauer des Tribosystems mit größerer Goldschichtdicke. Auch bei MORSE *et al.* [85] konnte bei größeren Goldschichtdicken größere Lebensdauern festgestellt werden, genauso wie bei SONG *et al.* [107].

2.3.5.4 Einfluss von Temperatur und Luftfeuchte

VAN DIJK *et al.* [34] untersuchten im Rahmen des Brite Euram-Projektes „Elecon" den Einfluss der relativen Luftfeuchte auf die Lebensdauer von Goldkontakten. Relative Luftfeuchten von 5% und 50% lieferten vergleichbare Lebensdauern. Eine vollständig mit Wasserdampf gesättigte Luft bei 100% relativer Luftfeuchte, erhöhte die Lebensdauer hingegen deutlich. MORSE *et al.* [85] konnten statistisch nachweisen, dass die relative Luftfeuchte einen Einfluss auf die Lebensdauer hat. Die Wirkrichtung dieser Ergebnisse wurde allerdings nicht berichtet. Untersuchungen des Einflusses der Temperatur auf vergoldete elektrische Kontakte wurden in der Literatur nicht gefunden.

2.3.5.5 Einfluss der Rauheit

Schwingverschleißversuche von ANTLER *et al.* [13] mit einer Schwingweite von $\Delta x = 20\,\mu m$ mit einem massiven Au-Terminal gegen einen AuCo($0,13\,\mu m$) / Cu-Grundkörper mit unterschiedlichen Rauheiten zeigten keinen Einfluss der Rauheit auf die Lebensdauer. Allerdings berichtete Antler [11] beim Einsatz von Nickelzwischenschichten, dass Nickelknospen weicheres Material vor allem bei geschmierten Kontakten pflügen können. Der Verschleiß ist dabei stark abhängig von der Größe der Ni-Knospen. Bei trockenen Kontakten dominiert der adhäsive Verschleiß, bei dem die Oberflächenrauheit weniger signifikant ist. Weitere Beobachtungen bei großen Verschleißraten durch „prow formation" zeigten, dass die Rauheit des flachen Grundkörpers eine bestimmende Rolle beim Verschleiß des Terminals einnimmt [15]. Es existiert eine kritische Rauheit, oberhalb der die „prow formation" durch den „rider wear" ersetzt wird [15]. Für reines Gold gibt ANTLER [7] eine kritische Rauheit von $R_a = 0,6 - 1,3\,\mu m$ an. Die kritische Rauheit ist dabei umso kleiner, je größer die Härte und je kleiner die Duktilität des Metalls ist. Für trockene

Kontakte eignen sich glatte Oberflächen besser als raue. Asperiten von rauen Oberflächen verschleißen dabei stärker und zwar sowohl beim abrasiven, wie auch beim adhäsiven Verschleiß [7]. Ist die Goldschichtdicke in der Größenordnung der Rauheit, so sind die Verschleißprozesse davon abhängig. Eine Vergrößerung der Oberflächenrauheit führt außerdem dazu, dass Gold vor allem lokal auf den Asperitenkuppen verschlissen wird. Bei glatteren Oberflächen ist der Goldverschleiß weniger auf die Asperitenkuppen begrenzt und es werden mehr Überfahrungen benötigt, um den gleichen Verschleißzustand zu erreichen [7].

3 Messmethoden und Experimente

3.1 Messmethoden

3.1.1 Schwingverschleißtribometer

Das verwendete Schwingverschleißtribometer (siehe Abbildung 3.1) bringt die Schwingung über einen Piezoaktor auf. Der Piezoaktor wird über ein Drehgelenk am Tribometergestell aufgehängt. Am Ende des Piezoaktors befindet sich eine Aufnahme für das Terminal. Über einen durch einen Motor angetriebenen Exzenter kann der Piezoaktor angehoben oder abgesetzt werden. Da die Normalkraft über ein Totgewicht ($F_N = 1$ N) aufgebracht wird, kann das Eigengewicht des Piezoaktors und das des Terminals durch ein Ausgleichsgewicht auf der anderen Seite des Drehgelenks egalisiert werden. Das Totgewicht wird über einen Faden direkt über dem Terminal aufgehängt und muss somit nicht mitbeschleunigt werden. Die LP wird so auf das Tribometer montiert, dass durch Absenken des Piezoaktors das Terminal die LP-Lands kontaktiert. Unter der LP befindet sich ein Piezo-Kraftsensor, welcher die Tangentialkraft misst. Die über den Piezoaktor aufgebrachte Schwingweite wird über einen im Piezo verbauten Dehnmessstreifen gemessen und intern geregelt. Zusätzlich wird in der Nähe der Kontaktestelle die Schwingweite mittels eines Wirbelstromsensors gemessen. Der gesamte Messaufbau befindet sich in einer Klimakammer und wird, wenn nicht anders beschrieben, bei $T = 22°C$ und r.F. $= 50\%$ betrieben.

Die Messung des Übergangswiderstands wird über eine Vierpunktmessung realisiert. Hierfür werden an Terminal und LP jeweils zwei Leiter für die Stromeinleitung und die Spannungsmessung angelötet. Über eine Stromquelle wird ein Strom von $I \approx 100$ mA eingeleitet. Die Spannungsmessung erfolgt mit etwa 1.000 Hz über einen HBM MGCplus Messver-

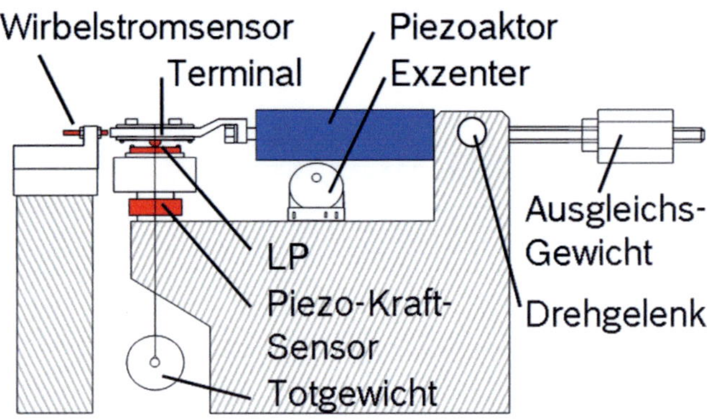

Abbildung 3.1: Skizze des Tribometers.

stärker. Dabei wird der Spitzenwert des entsprechenden Übergangswiderstands ermittelt und ausgegeben.

Bei tribologischen Untersuchungen darf die Messung des Übergangswiderstands die Fremdschichtbildung während des Schwingverschleißversuchs nicht beeinflussen, da sonst zwischen mechanischen, bzw. rein chemischen Verschleißvorgängen und elektrisch induzierten Vorgängen nicht unterschieden werden kann. Bei Schwingverschleiß-untersuchungen wird deshalb die Vier-Punkt-Messung unter „dry circuit"-Bedingungen angewendet. Der Messtrom ist dadurch auf < 100 mA und die Leerlaufspannung auf < 20 mV begrenzt. Somit wird das Fritten der Fremdschichten verhindert und der Strom so begrenzt, dass ein Erhitzen der Kontaktestellen durch Joule'sche Wärme nicht signifikant ist [9, 115]. Bei der Messung des Übergangswiderstands unter diesen Bedingungen ist laut ANTLER [13] deshalb nicht mit einer physikalischen Beeinträchtigung durch Frittung zu rechnen (siehe auch Kapitel 2.3.4).

Um trotzdem bei „dry circuit"-Bedingungen die Erwärmung in der Kontaktenge zu berechnen, lässt sich folgender Ansatz [69, 47] anwenden:

$$\Delta T_{\mathrm{e}} = T_{\mathrm{e}} - T_{\mathrm{K}} = \frac{U_{\mathrm{K}}^2}{8\,\lambda\,\rho} \tag{3.1}$$

Die Temperaturerhöhung in der Enge ΔT_e lässt sich mit der über den Kontakt anliegenden Spannung U_K, der Wärmeleitfähigkeit λ und dem spezifischen Widerstand ρ berechnen. Für einen NiO/NiO-Asperitenkontakt mit einem Übergangswiderstand $R_{\ddot{u}} = 10\,\mathrm{m\Omega}$ und einem Strom $I = 100\,\mathrm{mA}$, sowie $\lambda_{NiO} = 20\,\mathrm{W/mK}$ [99] und $\rho_{NiO} = 10^6\,\Omega\,\mathrm{m}$ [116, S. 36] ergibt sich eine Temperaturerhöhung in der Enge um einen Bruchteil eines Kelvins.

Für die Durchführung des Tribometerexperiments startet ein Messprogramm den Versuch, senkt den Piezoaktor mit dem Terminal auf die LP ab und ermittelt statisch den ersten Übergangswiderstand, der als Referenz herangezogen wird. Danach wird der Piezoaktor über einen Sinus mit der eingestellten Frequenz und Schwingweite angeregt. Während des Versuchs wird in einem 2 s-Intervall die mit dem Wirbelstromsensor gemessene Schwingweite, der anliegende Strom, der Spitzenwert des Übergangswiderstand, die Reibkraft und die Zeit aufgezeichnet. Überschreitet der Übergangswiderstand den Referenzwert um $10\,m\Omega$, wird der Versuch automatisch abgebrochen, der Strom und der Piezoaktor abgeschalten und der Piezo mit dem Terminal von der LP abgehoben. Während des Versuchs wird auch die Reibhysterse mitgeschrieben, welche aus dem gemessenen Schwingweg des Wirbelstromsensors und der gemessenen Tangentialkraft des Piezo-Kraftsensors ermittelt wird. Für die Ermittlung der Reibkraft des Tribosystems wird die Reibarbeit W_R über die Berechnung des Integrals der Reibhysterese herangezogen:

$$W_{\mathrm{R}} = \int F_{\mathrm{R}}\, dx \tag{3.2}$$

Anschließend wird die Reibarbeit unter Annahme eines sehr steifen Systems wieder durch die Schwingweite geteilt. Die durch dieses Verfahren mit 1.000 Hz gemessene Reibkraft ist weniger sensitiv gegenüber Ausreißern des maximalen Reibwerts. Innerhalb des 2 s-Intervalls werden die Reibkräfte wiederum gemittelt.

Im Tribometer wird die Verschiebung nicht direkt im Kontakt, sondern an einem Federbalken gemessen (siehe Abbildung 3.2). Die Gesamtsteifigkeit des Systems c_{sys} errechnet sich also aus den tangentialen Steifigkeiten des Kontaktes c_{Kon}, des Terminals c_{Terminal} und des Tribometers $c_{\mathrm{Tribometer}}$ zu:

$$\frac{1}{c_{\mathrm{sys}}} = \sum_{i=1}^{N} \frac{1}{c_{\mathrm{i}}} = \frac{1}{c_{\mathrm{Kon}}} + \frac{1}{c_{\mathrm{Terminal}}} + \frac{1}{c_{\mathrm{Tribometer}}} \tag{3.3}$$

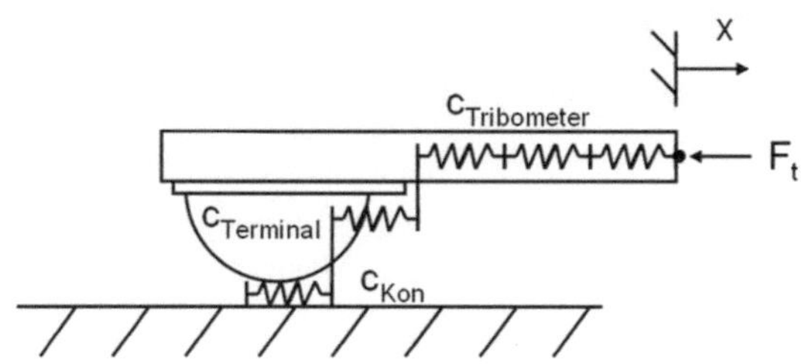

Abbildung 3.2: Tangentialsteifigkeiten des Tribometers.

Die durch die Messung im Reibversuch erhaltene Steigung der Hysterese (Vergleiche Abbildung 4.10 Mitte) liefert die Systemsteifigkeit c_{sys}. Die Systemsteifigkeit konnte über eine bei RUDOLPHI *et al.* [97] vorgeschlagene Methode zu $c_{sys} = 1,2\,\mathrm{\mu m/N}$ ermittelt werden. Nach Formel 3.3 wird die Systemsteifigkeit durch die kleinste aller eingehenden Steifigkeiten bestimmt.

3.1.2 Übergangswiderstandsmessplatz

Da am Tribometer nur die relative Erhöhung des Übergangswiderstands gemessen wird, braucht es zur Beurteilung des initialen Übergangswiderstands der beiden unverschlissenen Oberflächen eine Möglichkeit zur Bestimmung des absoluten Übergangswiderstands. Dieser wird an einem Übergangswiderstandsmessplatz ($R_{ü}$-Messplatz) ermittelt (siehe Abbildung 3.3). Hierzu wird das Terminal auf eine vertikal verfahrbare Achse mit einer Kraftmessdose (Auflösung $0,01$ N) montiert und unter Erhöhung der Normalkraft auf die LP gefahren. Eine Vier-Punkt-Messung unter „dry circuit"-Bedingungen liefert hierbei den absoluten Übergangswiderstand zwischen dem Spannungsabgriff. Der Messbereich bei „dry circuit - Bedingungen" ist auf 200 mΩ begrenzt. Ein durch Leitungswiderstände zwischen Spannungsabgriff und physikalischem Kontakt zusätzlich gemessener Widerstand wird als Offset abgezogen.

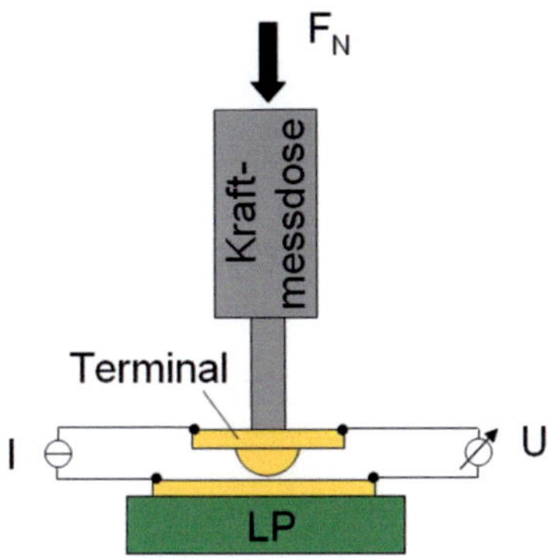

Abbildung 3.3: Prinzipskizze des $R_{\ddot{u}}$-Messplatzes.

3.1.3 Analytik

Die mikroskopische Untersuchung der Probenoberflächen mit den Verschleißspuren erfolgte in dieser Arbeit mit einem Lichtmikroskop (Leica DM RME) und einem Rasterelektronenmikroskop (Zeiss LEO 1530 Gemini). Die Aufnahme von Oberflächentopographien wurden mit einem Rasterkraftmikroskop (AFM) Autoprobe cp von Park Scientific Instruments sowie einem konfokalen Mikroskop µsurf von Nanofocus durchgeführt.

Die Probenvorbereitung für die chemische und physikalische Analytik sowie die Topographiemessungen bestand aus jeweils einer 5-minütigen Ultraschallbadreinigung in einer 1:1-Mischung Aceton:Isopropanol und anschließend dem gleichen Prozess mit reinem Isopropanol. Für Messungen im Ultrahochvakuum wurde zusätzlich mit Cyclohexan gereinigt.

Um in den Verschleißspuren lokale chemische Unterschiede zu detektieren, wurde im REM die energiedispersive Röntgenspektroskopie (EDX) angewandt, um die oberflächennahe Elementverteilung zu analysieren. Für eine zusätzliche Tiefenauflösung wurde die Augerelektronenspektroskopie (AES) mit einem PHI 680 Auger Nanoprobe eingesetzt. Mit Hilfe einer Argonionenkanone kann hierbei die Oberfläche abgetragen und anschließend die ersten $3-4$ Atomlagen chemisch analysiert werden. Dabei wird die Oberfläche mit einem Elektronenstrahl angeregt, um Atome aus der Probenoberfläche zu ionisieren. Die dabei freiwerdende Plätze in den Elektronenhüllen werden von Elektronen aus höheren Energieniveaus besetzt, die dabei Energie an andere Elektronen abgeben, wodurch diese als Auger-Elektronen das Atom verlassen können. Die Auger-Elektronen besitzen elementspezifische Energien, welche in einem Analysator ausgewertet werden.

Zur Beurteilung der Metallgefüge wurden neben Schliffen auch „Focused Ion Beam"-Schnitte (FIB) angefertigt. Des Weiteren wurden durch FIB-Schnitte Lamellen für die Transmissionselektronenmikroskopie (TEM) präpariert. Diese wurden dann mit dem TEM (Philips CM20 und FEI TEM/STEM TECNAI G^2 F20) abgebildet. Aufgrund dessen, dass im TEM die Lamellen mit einem Elektronenstrahl durchstrahlt werden, müssen die Lamellen sehr dünn sein. Beim Durchdringen der Probe wird ein Teil der Elektronen am Kristallgitter der Probe gestreut. Der andere Teil verlässt als Nullstrahl ungestreut die Probe. Die Elektronen des Nullstrahls können mit einer Lochblende herausgefiltert werden. Dieser als Hellfeld (HF) bezeichnete Kontrast stellt stark abbeugende Bereiche der Probe mangels Intensität dunkel dar. Elastisch gestreute Elektronen, die die Probe unter der gleichen Richtung verlassen, können über eine Blende herausgefiltert und für die Bilderzeugung im Dunkelfeldkontrast (DF) dargestellt werden. Durch eine größere Streuung an Atomen mit größerer Atomordnungszahl kann ein Massendickenkontrast abgebildet werden, in dem sich die verschiedenen Elemente nach ihrer Atomordnungszahl unterscheiden lassen. Die Intensität hängt wesentlich von der lokalen Dicke der Probe sowie der Orientierung des Kristallgitters bezogen auf die Einfallsrichtung der Elektronen ab. Ein keilförmiges Ausdünnen der Lamelle wirkt sich deshalb aufgrund der Dickenänderung auf die Intensität aus. Der Streuungswinkel wird durch die Atomordnungszahl des Materials bestimmt. Materialien mit großer Ordnungzahl weisen größere Streuwinkel auf, weswegen diese mangels Intensität im Hellfeld tendenziell dunkel dargestellt werden. Im Dunkelfeld hingegen werden Materialien mit kleiner Ordnungszahl dunkel dargestellt, da diese weniger gestreut und deswegen durch die Blende abgeschirmt werden. Da neben der Ordnungzahl auch Dicke und Kornorientierung in die Strahlintensität eingehen, ist eine chemische Unterscheidung der Elemente oft nicht eindeutig. Da in diesem Fall aber vor allem Nickel- und Goldkristallite untersucht werden und beide Ordnungszahlen weit auseinander liegen, können beide Elemente sowohl im HF als auch im DF schon rein optisch unterschieden werden. Zur Absicherung wurden allerdings auch chemische Analysen mit TEM-EDX-Linienscans für die Lamelle herangezogen.

Die mechanischen Eigenschaften der Proben wurden mit einem Fischer Mikrohärtemessgerät untersucht. Hierfür wurden die Proben mindestens 50 mal mit unterschiedlichen Eindringkräften indentiert, um die Eindringhärte HIT (auch Meyerhärte genannt) zu bestimmen. Die Eindringhärte ergibt sich aus der projezierten Eindringfläche der Indentation, errechnet aus der Eindringtiefe, der Indentergeometrie (Vickersindenter) sowie der Indentationskraft. Die genaue Herleitung ist DIN EN ISO 14577 [37, 38] zu entnehmen.

Die Rauheit der Terminals und LP wurde mit einem Tastschnittgerät von Hommel nach DIN EN ISO 4287 [42] ermittelt. Die Tastspitze wies hierfür einen Radius von 5 µm auf. Um die Rauheit der Proben zu beschreiben wurde die gemittelte Rautiefe R_z ausgewählt.

3.1.4 Verschleißgrößenauswertung

Die gereinigten Verschleißspuren wurden mit einem Konfokalmikroskop vermessen und nach dem folgenden Ablauf mit der Software „Mountains" ausgewertet.

Von den aufgenommenen Oberflächendaten wurden zuerst durch ein Ausrichten der Oberflächen der Gradient entfernt, der sich durch eine schiefe Auflage der Probe bei der Messung ergibt. Bei den Terminals wurde zusätzlich der Terminalradius (eine Kugel) entfernt, um eine mit der LP vergleichbare Geometrie zu haben. Anschließend wurde die Verschleißspur mit einer Linie umrissen. Die sich ergebende Fläche außerhalb der Verschleißspur wurde als Nullniveau (Mittelwert der Höheninformation außerhalb der Verschleißspur) festgelegt. Die Verschleißspur selbst wurde, bezogen auf das Nullniveau außerhalb der Spur, nach den Größen Verschleißfläche (gesamte eingeschlossene Fläche), Verschleißvolumen (Volumen unterhalb des Nullniveaus) und maximale Verschleißtiefe (tiefster Punkt in Verschleißspur bezogen auf Nullniveau) ausgewertet.

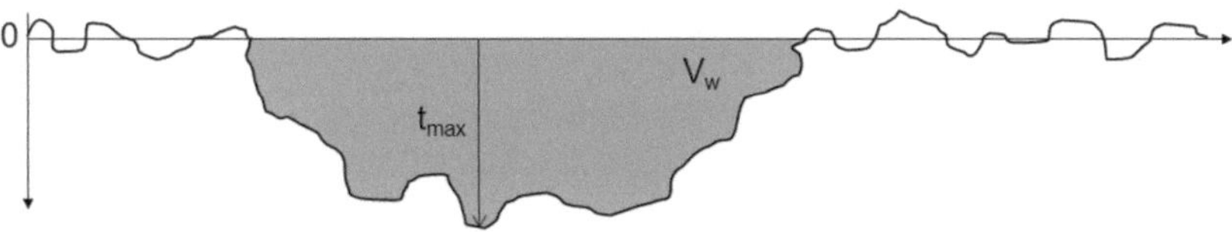

Abbildung 3.4: Ermittlung des Verschleißvolumens.

3.2 Experimentelle Vorbereitung

3.2.1 Probenauswahl und Probenpräparation

Sowohl die LP als auch die Terminals wurden in Serienprozessen beschichtet. Auf Seiten des Grundkörpers wurde auf die Leiterplattenstandardbeschichtung ENIG zurückgegriffen. Die Glasfaser gefüllte LP wurde mit einer $50 - 60\,\mu m$ dicken Kupferaußenlage versehen, auf die ca. $4 - 6\,\mu m$ NiP aus einem, auf dem Reduktionsmittel Natriumhypophosphit bestehenden Badansatz stromlos abgeschieden wurde. Der Feingoldschicht wurde das Gold auf Basis von Kaliumgoldcyanid in einem Badansatz zur Verfügung gestellt, welches ebenfalls stromlos mit einer Goldschichtdicke von $0,07 - 0,12\,\mu m$ abgeschieden wurde. Die LP wurde nach der Beschichtung in einem Reflow-Prozess für bleifreies Löten gealtert (Reflow-Profil vgl. DIN EN 60068-2-58 [35]).

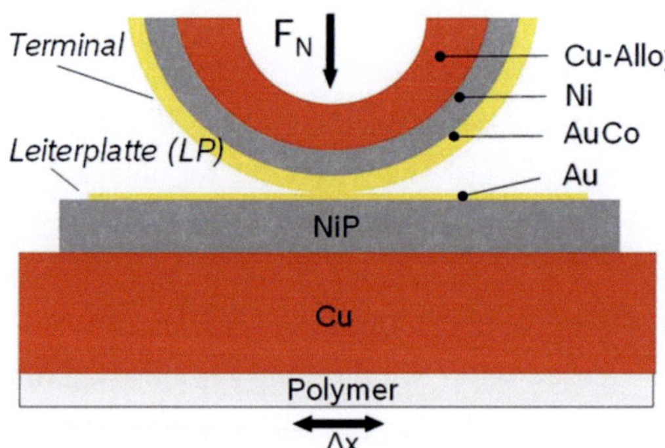

Abbildung 3.5: Tribosystem Terminal vs. LP.

Das Terminal besteht aus einem Kupferlegierungssubstrat, welches in einer galvanischen Beschichtung in einem Sulfamatnickelbad (vergleichbar mit dem Bad in DIN 4526 [40]) als Mattnickel auf eine Schichtdicke von ca. $2,2\,\mu m$ abgeschieden wurde. Die Hartgoldschicht (AuCo0,3) wurde durch einen kobalthärtenden sauren Goldelektrolyten mit einem Kobaltanteil von 0,3 m-% abgeschieden. Der Reduktion der Goldschichtdicken im tribologischen System des elektrischen Kontaktes wurde auf dem Terminal mit einer Hartgoldschichtdicke von $0,4\,\mu m$ Rechnung getragen. Auf Seite des Grundkörpers wurde wie erwähnt auf eine Goldschichtdicke von $0,07 - 0,12\,\mu\text{m}$ zurückgegriffen, um die eingesetzte Gesamtgoldschichtdicke des Gesamtsystems auf ca. $0,5\,\mu\text{m}$ zu begrenzen. Der Gesamtgoldschichtdickenstandard für vergoldete elektrische Kontakte beträgt bisher in Asien $0,8\,\mu\text{m}$, in Europa und den USA mindestens $1,6\,\mu\text{m}$. Somit bietet das untersuchte Tribosystem eine Goldeinsparung von etwa $38 - 69\%$, mit der Einschränkung, dass es sich auf der LP um ENIG handelt und nicht um den Standard AuCo/Ni.

Nach dem Beschichtungsvorgang wurde das Terminalblech in einer Prägevorrichtung zuerst mit einer großen Kugel ($\oslash = 10\,\text{mm}$) und anschließend mit einer kleinen Kugel ($\oslash = 2,5\,\text{mm}$) streckgezogen. Danach ergab sich ein Terminalaußenradius von ca. $1,3\,\text{mm}$.

3.2.2 Versuchsplanung und -durchführung

Die Versuche auf dem Tribometer unterteilten sich in zwei Kategorien. Zum einen wurden EoL-Versuche bis zum Erreichen des elektrischen Abbruchkriteriums und zum anderen sogenannte Abbruchversuche durchgeführt. Die Abbruchversuche wurden (bei deaktiviertem EoL-Kriterium) bis zum Erreichen einer vorher festgelegten Anzahl von Schwingzyklen bei immer konstanten Versuchsparametern ($\Delta x = 38\,\mu\text{m}$, $f = 10\,\text{Hz}$, $F_n = 1\,\text{N}$, $T = 22°\text{C}$, r.F. $= 50\%$) durchgeführt. Mit diesen Versuchen wurde die Verschleißentwicklung des Tribosystems über der Zyklenzahl beurteilt. Mit den EoL-Versuchen wurde die in Kapitel 2.3 erklärte Wöhlersystematik unter Variation der Schwingweite angewendet. Die einstufigen Tribometerversuche wurden hierzu auf dem gleichen Betriebspunkt mindestens fünfmal wiederholt, um eine ausreichend große Basis für die Ermittlung der Streuung mit dem Perlenschnurverfahren zu besitzen.

4 Ergebnisse

Die Ergebnisse setzen sich zum einen aus der metallographischen Charakterisierung des unbeanspruchten sowie des beanspruchten Tribosystems und zum anderen aus den Untersuchungen der tribologischen und elektrischen Eigenschaften der vergoldeten Kontakte zusammen.

4.1 Gefüge und mechanische Eigenschaften

4.1.1 Terminal

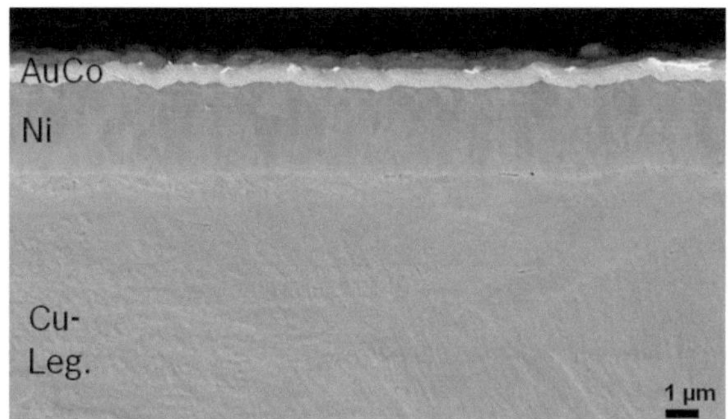

Abbildung 4.1: REM-Aufnahme eines Terminalschliffs.

Das Terminal besitzt den in Kapitel 3.2.1 aufgeführten Schichtaufbau. Das auf die Cu-Legierung galvanisch abgeschiedene Mattnickel zeigt am hier dargestellten Schliffbild (Abbildung 4.1) sowie an einem FIB-Schnitt (Abbildung 4.2) kolumnare Strukturen mit Kristalldurchmessern von ca. 100 nm.

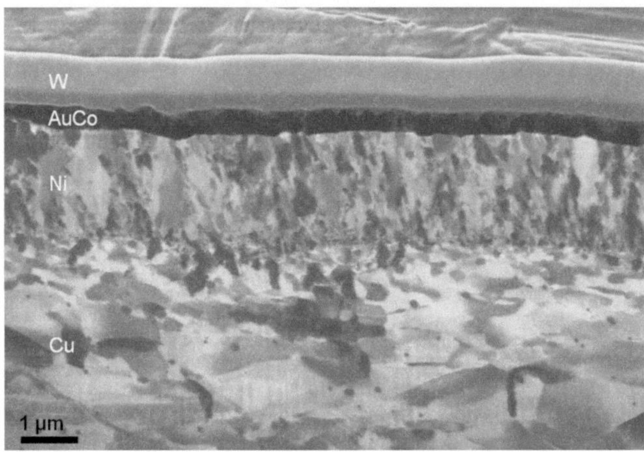

Abbildung 4.2: REM-Aufnahme (SE) eines FIB-Schnitts des Terminals.

Das galvanisch aufgebrachte Hartgold AuCo0,3 lässt sich auf Grund der Nanokristallinität anhand dieser Aufnahmen nur schwer charakterisieren, so dass eine TEM-Aufnahme herangezogen werden musste. Auf den TEM-Aufnahmen der AuCo-Schicht in Abbildung 4.3 lässt sich auf Grund der Lamellendicke (ca. 100 nm) nur schwer die Goldkristallgröße abschätzen.

Abbildung 4.3: TEM-Aufnahme (HF) der AuCo0,3-Schicht des Terminals.

Mäusli *et al.* [87] sowie Harris *et al.* [58] berichten ebenfalls, dass zur Charakterisierung von AuCo-Schichten TEM-Lamellen heranzuziehen sind. Allerdings sind hierfür laut Mäusli *et al.* wesentlich dünnere Lamellen (Dicke kleiner als Korngröße) von Nöten, um das AuCo-Gefüge darzustellen. Dies ist mit einer Ionenstrahldünnung nur schwer zu erreichen, ohne die Stabilität der Lamelle zu gefährden. Die abgeschätzte Korngröße beträgt $20 - 30$ nm.

4.1.2 Leiterplatte

Das NiP- und Au-Gefüge der LP wurde mit Hilfe von Schliffen (siehe Abbildung 4.4) und TEM-Lamellen charakterisiert. Bei der LP-Beschichtung wird die dünne Feingoldschicht per Ionenaustausch auf die Knospen der NiP-Schicht abgeschieden und übernimmt somit die Rauheit der NiP-Schicht. Das Gefüge der NiP-Schicht zeichnet sich durch einen sehr hohen amorphen Anteil aus. GDOES-Analysen des Phosphor-Gehalts der NiP-Schicht zeigen, dass der in der Literatur angegeben Wert von 8,5 m-% Phosphor [119] für den Übergang von teilkristallinem zu röntgenamorphem Gefüge überschritten wird und sich somit, wie schon beschrieben, eine größtenteils amorphe Struktur ergibt.

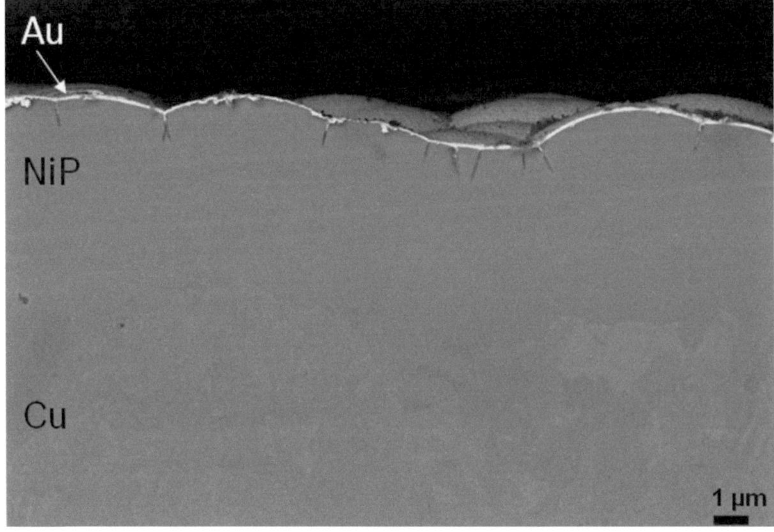

Abbildung 4.4: REM-Aufnahme (BSE) eines LP-Schliffs.

Das Gefüge der Goldschicht bietet auf Grund der geringen Goldschichtdicke von $0,07$ - $0,12\,\mu$m nur wenig Raum für die Goldkristalle. TEM-Aufnahmen bestätigen, dass teilweise nur ein Goldkristallit über der Goldschichtdicke vorliegt und somit nanokristalline Strukturen zu finden sind (siehe Abbildung 4.5).

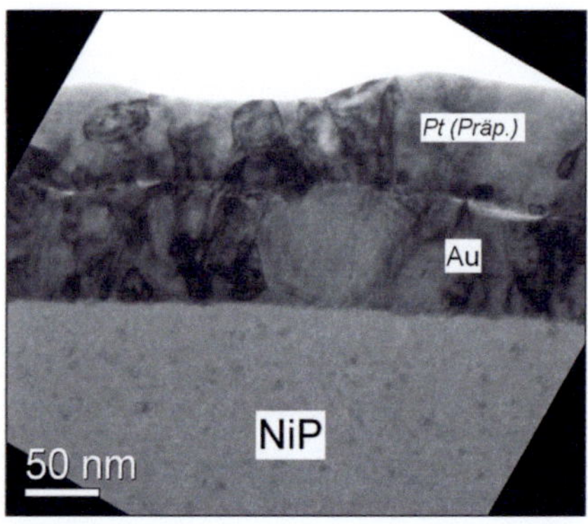

Abbildung 4.5: TEM-Aufnahme (HF) der LP: Grenzfläche NiP/Au.

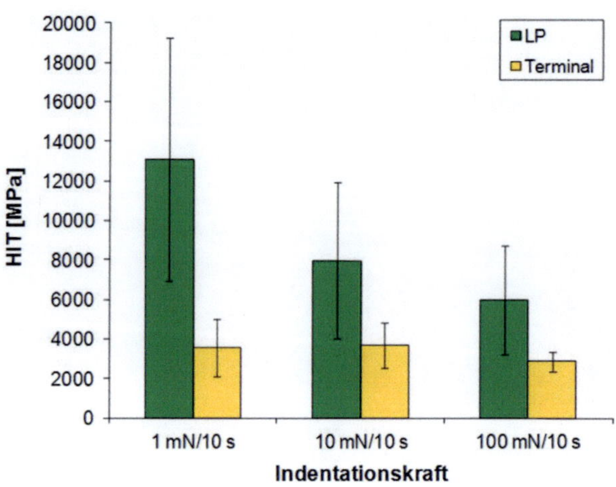

Abbildung 4.6: Härtevergleich der LP und des Terminals.

Die mechanischen Verbundeigenschaften des Schichtsystems von LP und Terminal wurden mit dem in Kapitel 3.1.3 beschriebenen Mikrohärteprüfgerät unter Anwendung von unterschiedlichen Eindringkräften bestimmt. Ein Vergleich der Verbundhärten von LP und Terminal (siehe Abbildung 4.6) zeigt die deutlich größere Verbundhärte der LP im Vergleich zum Terminal.

4.2 Topographien der Oberflächen

4.2.1 Topographie des Terminals

Die Oberfläche des Terminals (siehe Abbildung 4.7) wird einerseits durch die Walztextur des Cu-Legierungssubstrats bestimmt (siehe Querriefen in Abbildung 4.7) und andererseits durch die Ni- und AuCo-Schicht. Durch die Beschichtung des Bandmaterials und das anschließende Prägen weist die Oberfläche eine Rissstruktur auf.

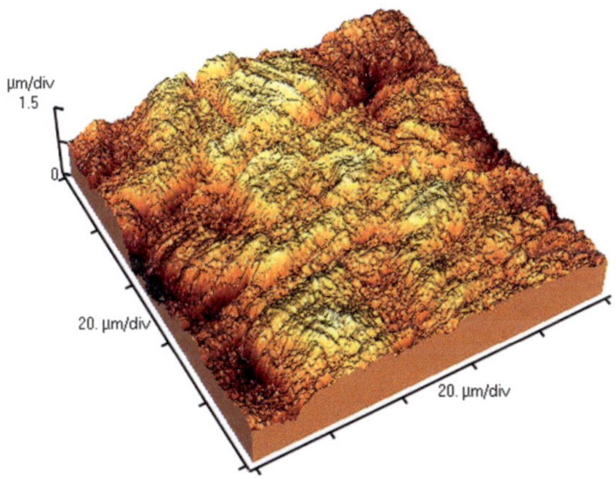

Abbildung 4.7: AFM-Aufnahme der Terminalkuppe.

Die Rauheit der Terminals wurde zuerst auf dem beschichteten Bandmaterial nach DIN 4287 [42] gemessen und nach dem Prägevorgang auf der Terminalkuppe. Allerdings steht auf der Terminalkuppe nicht die in der DIN vorgeschriebene Messstrecke zur Verfügung, so dass nur eine Messstrecke von $1,5$ mm statt $4,8$ mm gemessen werden konnte.

Terminal-Charge	R_z[µm] ∥Walzrichtung	R_z[µm] ⊥Walzrichtung	Beschreibung
AuCo $0,4$ µm	0,76	1,11	alle Versuche
AuCo $0,4$ µm Kuppe	1,103	1,297	alle Versuche
AuCo $0,2$ µm	0,7	0,95	Goldschichtdicke
AuCo $0,8$ µm	0,72	1	Goldschichtdicke

Tabelle 4.1: Rauheiten der unterschiedlichen Terminal-Chargen.

Die Messungen in Tabelle 4.1 zeigen, dass durch den Prägevorgang die Oberfläche etwas aufgeraut wird. Senkrecht zur Walzrichtung können größere Rauheitswerte gemessen werden. Eine größere Goldschichtdicke zeigt keinen signifikanten Einfluss auf die Terminalrauheit.

4.2.2 Topographie der Leiterplatte

Die Oberflächenstruktur der LP ergibt sich unter anderem durch die Knospen der NiP-Schicht. Die darauf abgeschiedene dünne Goldschicht übernimmt diese Strukturen (siehe auch Abbildung 4.4). AFM-Aufnahmen von LP-Goldoberflächen (Abbildung 4.8) zeigen die Verteilung der NiP-Knospen, so dass sich eine wabenähnliche Oberflächenstruktur ergibt. Wie auf den AFM-Aufnahmen zu sehen, kann sich die Größe der NiP-Knospen deutlich unterscheiden, was sich unter anderem auch auf die LP-Rauheit auswirkt.

Um die Rauheit der LP-Oberflächen zu bestimmen, wurden die LP mit einem Tastschnittgerät nach DIN4287 [42] taktil vermessen. Die Rauheitswerte der verschiedenen LP-Chargen sind in Tabelle 4.2 aufgelistet. Messungen in Schuss- und Kettrichtung der LP ergaben nur einen geringen Rauheitsunterschied, so dass dieser vernachlässigt wurde.

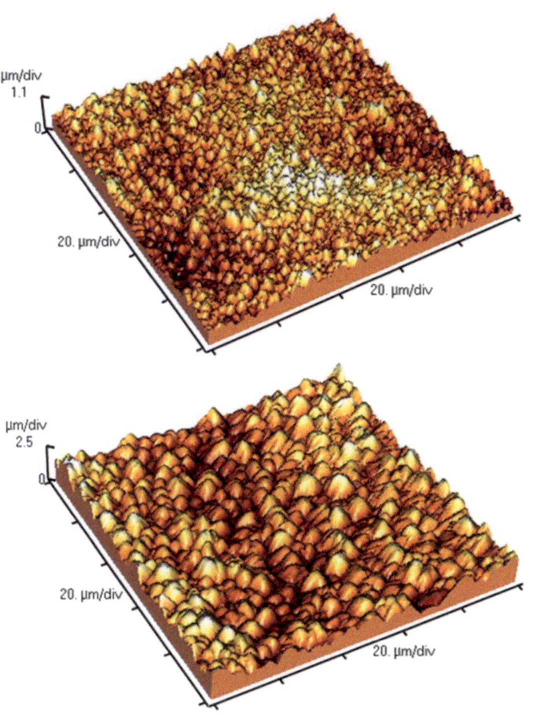

Abbildung 4.8: AFM-Aufnahmen der LP, oben $R_z = 1,26\,\mu m$, unten $R_z = 1,84\,\mu m$.

LP-Charge	$R_z[\mu m]$	Eingesetzt für folgende Versuche
CGa1	2,17	Abbruchversuche
CG21/22	2,02	Einfluss Schwingweite/Rauheit
CGa4	1,26	Einfluss Goldschichtdicke/Rauheit
CGa5	1,05	Einfluss Rauheit
CGa6	1,4	Einfluss Rauheit
CGa7	0,88	Einfluss Rauheit

Tabelle 4.2: Rauheiten der unterschiedlichen LP-Chargen.

4.3 Tribologische Eigenschaften

Die tribologischen Eigenschaften des Tribosystems elektrischer Kontakt wurden durch Versuche mit dem in Kapitel 3.1.1 beschriebenen Schwingverschleißtribometer bestimmt.

4.3.1 Einfluss der Schwingweite

Wie in Kapitel 2.3 berichtet, ist ein Haupteinflussfaktor auf die Lebensdauer eines elektrischen Steckkontaktes die Schwingbelastung. In Schwingverschleißversuchen wurde das Tribosystem mit unterschiedlichen Schwingweiten, bei sonst konstanten Parametern, beansprucht. Ein Versuch galt dann als beendet, wenn das EoL-Kriterium $\Delta R_\text{ü} > 10\,\text{m}\Omega$ erreicht wurde. Zur Beurteilung der Lebensdauer des Tribosystems wurden dann die Schwingweite in einem doppelt logarithmierten Lebensdauerdiagramm über den Zyklen bis zum EoL aufgetragen (siehe Abbildung 4.9).

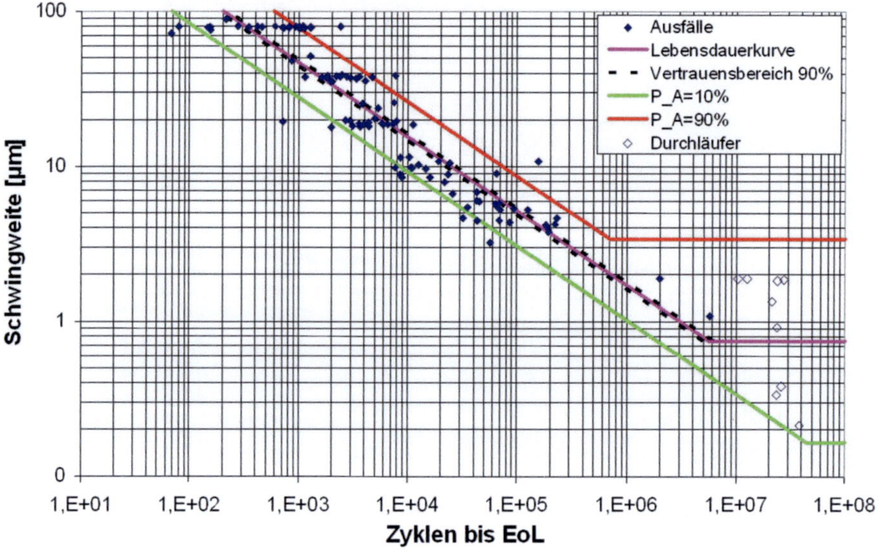

Abbildung 4.9: Einfluss der Schwingweite auf die Lebensdauer.

Mit steigender Schwingweite fällt das Tribosystem früher elektrisch aus. Wird allerdings eine bestimmte Schwingweite unterschritten, so mussten die Versuche auf Grund der sonst sehr langen Prüfzeiten nach den entsprechenden Zyklen manuell abgebrochen und als Durchläufer gewertet werden. Somit ergibt sich ein Bereich bei sehr kleinen Schwingweiten in dem in der untersuchten Zeit keine Ausfälle mehr auftreten. Die sich im doppelt logarithmischen Diagramm als Gerade darstellende Lebensdauerkurve ist auf ein Potenzgesetz zurückzuführen, welches das Ausfallverhalten des Tribosystems in Abhängigkeit der Schwingweite gut beschreiben kann. Zur statistischen Bewertung wurde, wie in Kapitel 2.3 beschrieben, auch der Vertrauensbereich der Lebensdauerkurve sowie die 10%- und 90%-ige Ausfallwahrscheinlichkeit ermittelt. Der Bereich ohne Ausfälle wurde entsprechend Kapitel 2.3 nach der Probit-Methode bestimmt.

4.3.1.1 Reibwert- und Übergangswiderstandsmessungen

Die Reibwert- und $R_{ü}$-Verläufe für ausgewählte repräsentative Versuche sind in Abbildung 4.10 zu sehen. Die Reibwerte für die unterschiedlichen Schwingweiten zeigen für große Schwingweiten (20 − 80 µm) einen ähnlichen Verlauf mit einem konstanten Reibwertplateau von $\mu \approx 0,6$. Bei kleineren Schwingweiten sinkt der Reibwert jedoch auf einen niedrigeren Plateauwert. Die $R_{ü}$-Verläufe steigen, abhängig von der Schwingweite, zu unterschiedlichen Zeitpunkten an und zeichnen sich oftmals durch einen erst langsamen Anstieg, gefolgt von einem abrupten Ausfall, aus. Direkt nach dem Beginn des Versuchs fallen die auf den Anfangswert (ohne Relativbewegung) genullten $R_{ü}$-Werte ins Negative bevor sie ansteigen. Es stellt sich also kurzfristig ein besseres $R_{ü}$-Verhalten ein.

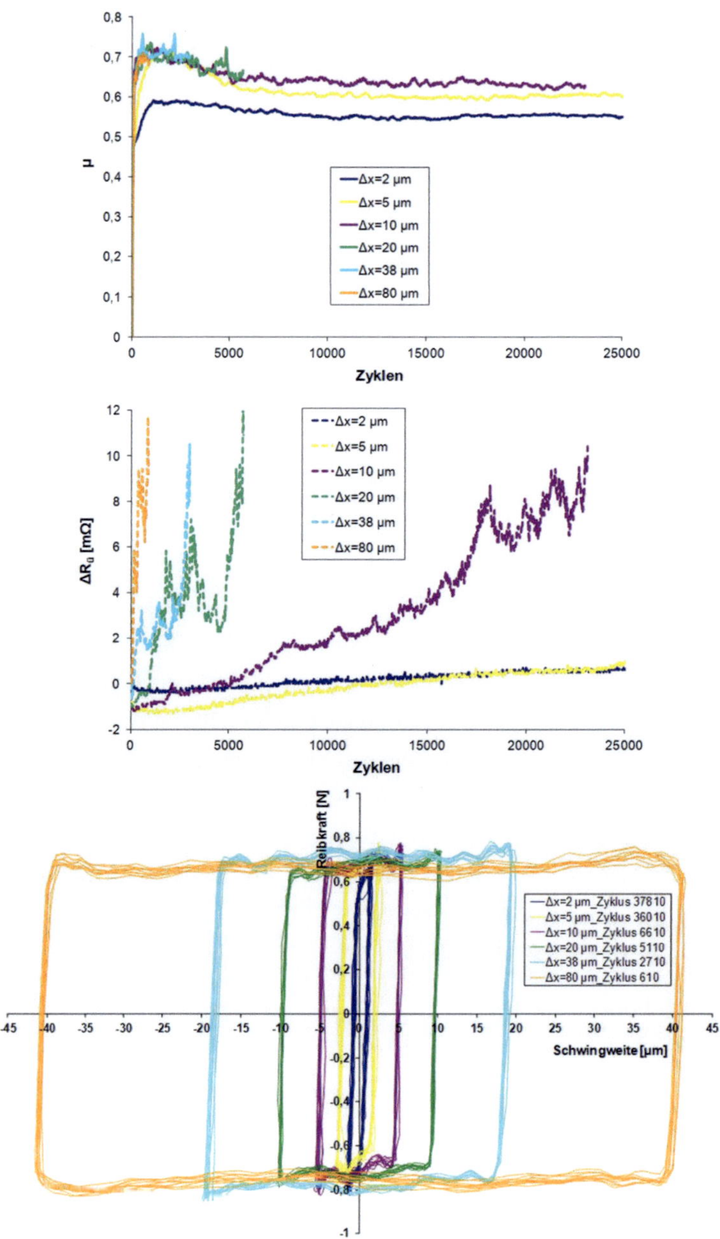

Abbildung 4.10: µ– (oben) und $R_{\ddot{u}}$-Verlauf (Mitte): Einfluss Schwingweite; Reibhysteresen (jeweils 10 Hysteresen/Schwingweite) bei unterschiedlichen Schwingweiten (unten).

Bei Betrachtung der Reibhysteresen der Versuche in Abbildung 4.10 (unten) zeigt sich, dass sämtliche durchgeführten Versuche bis hin zu $\Delta x = 2\,\mu m$ einen Gleitbereich in der Reibhysterese aufweisen. Die Steigung der Hysteresen ist bei allen Schwingweiten gleich. Ist wie in Abbildung 4.11 der Reibwert kurz vor EoL über der Schwingweite aufgetragen, so bestätigt sich der Eindruck aus Abbildung 4.10 (oben), dass mit zunehmender Schwingweite der Reibwert steigt und oberhalb einer Schwingweite von ca. $\Delta x = 20\,\mu m$ der Reibwert konstant bleibt.

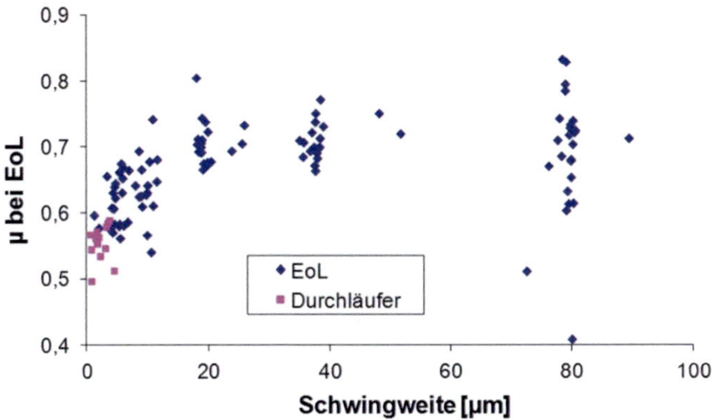

Abbildung 4.11: Reibwert beim EoL in Abhängigkeit von der Schwingweite.

4.3.1.2 Verschleißmessung

Zur Beurteilung des Verschleißfortschritts wurden für verschiedene Probenpaarungen Abbruchversuche durchgeführt (vergleiche Kapitel 3.2.2) und das Verschleißvolumen mit dem Konfokalmikroskop (siehe Kapitel 3.1.3) bestimmt. Das ermittelte Verschleißvolumen der Terminals sowie der LP nach bestimmten Zyklenzahlen ist in Abbildung 4.12 dargestellt. Die hierfür durchgeführten Versuche wurden unabhängig vom elektrischen Abbruchkriterium durchgeführt. Das Terminal weist bis ca. 10.000 Zyklen ein lineares Ansteigen des Verschleißvolumens auf. Dies ist auch der Bereich, in dem das Tribosystem elektrisch ausfällt. Danach scheint die Steigung der Volumenzunahme kleiner zu werden. Die LP hingegen zeigt von Anfang an ein deutlich kleineres Verschleißvolumen als das Terminal. Die Steigung des LP-Verschleißvolumenverlaufs nimmt nach ca. 1.500 Zyklen deutlich ab.

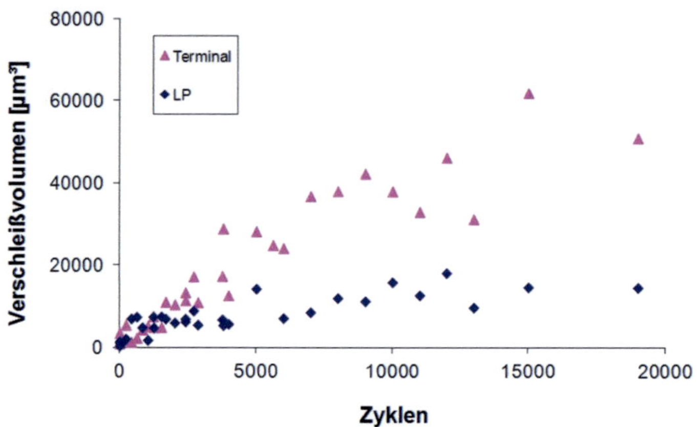

Abbildung 4.12: Verschleißvolumenauswertung der Terminals und LP

4.3.1.3 Verschleißerscheinungsformen

Für die Beurteilung der Verschleißerscheinungsformen wurden die Verschleißspuren der Terminals und der LP mit dem REM untersucht.

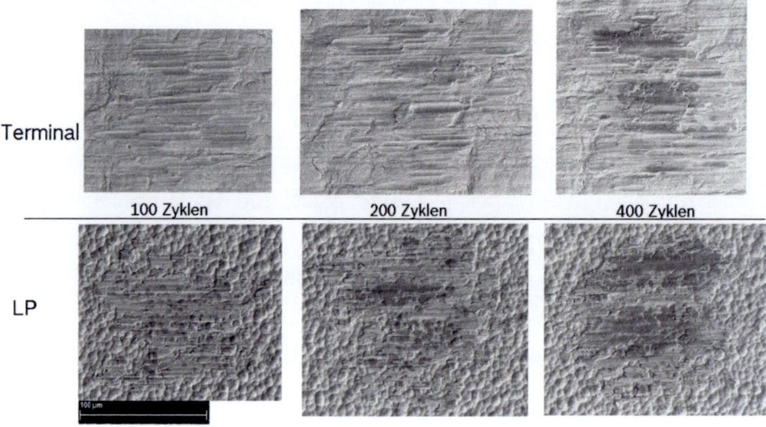

Abbildung 4.13: REM-Aufnahmen (SE) der Terminals (oben) und der LP (unten) nach den Abbruchversuchen, Reibrichtung horizontal.

Die Verschleißspuren der Abbruchversuche aus Abbildung 4.12 sind für kleine Zyklenzahlen in Abbildung 4.13 dargestellt. In den Verschleißspuren der Terminals sind deutliche Furchen in der AuCo-Schicht zu erkennen. Auf Seiten der LP wird das weiche Feingold von den NiP-Knospen in die Rauheitstäler verdrängt, so dass schon nach 100 Zyklen im Sekundärelektronenkontrast die NiP-Knospen zu erkennen sind. Bei fortschreitender Zyklenzahl wird das Terminal weiter gefurcht, bis schließlich das Terminalnickel freigelegt wird. In den Verschleißspuren konnten Au-Verschleißpartikel nach nur wenigen Zyklen gefunden werden.

Bei fortgeschrittener Zyklenzahl wird, wie in Abbildung 4.14 zu sehen, vor allem in der Verschleißspurmitte der LP Material entfernt. Die NiP-Knospen vereinigen sich, was auf einen Abtrag der Knospen selbst hindeutet. Am Rand der Verschleißspur scheint sich ein Materialübertrag zu bilden.

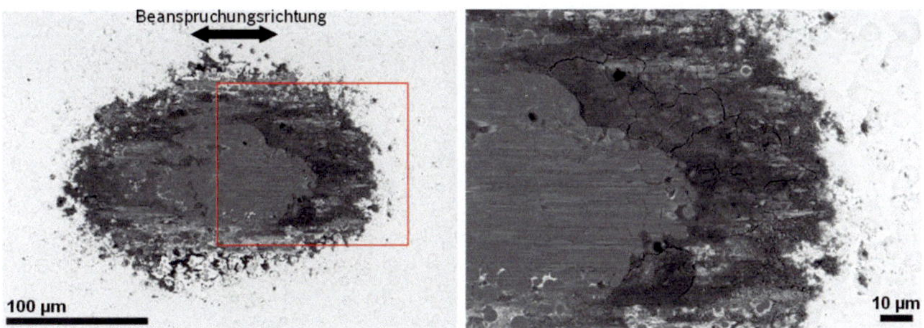

Abbildung 4.14: REM-Aufnahme (BSE): Verschleißspur LP nach 5.000 Zyklen und $\Delta x = 38\,\mu m$.

Ein Schliff durch eine weitere LP-Verschleißspur in Abbildung 4.15 bestätigt dieses Bild. Die Kuppen der NiP-Knospen wurden abgetragen. Die noch übrig gebliebenen Täler wurden mit Verschleißpartikeln aufgefüllt, so dass sich eine relativ ebene Fläche ergibt. Durch die REM-Aufnahme mit Rückstreuelektronen sind die angrenzenden NiP-Knospen noch gut zu erkennen, da in den tieferen Grenzflächen der Knospen noch abgeschiedenes Gold vorhanden ist, welches nicht abgetragen wurde.

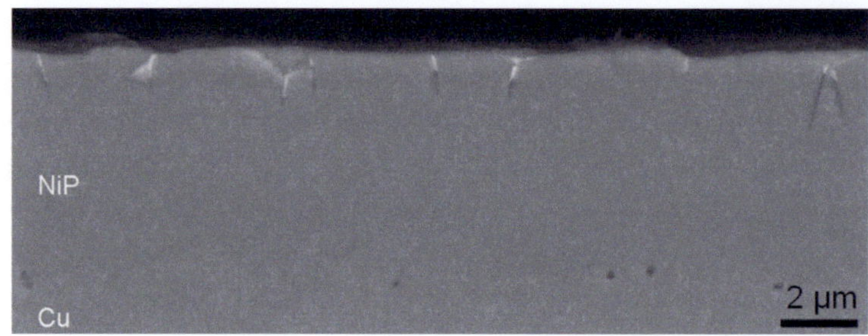

Abbildung 4.15: REM-Aufnahme (BSE) einer Schliff-Zielpräparation: Mitte der LP-Verschleißspur.

Nach den Schwingverschleißversuchen im Tribometer wurden die Verschleißspuren einiger LP-Terminal-Paarungen gereinigt und mit der FIB für das TEM präpariert.

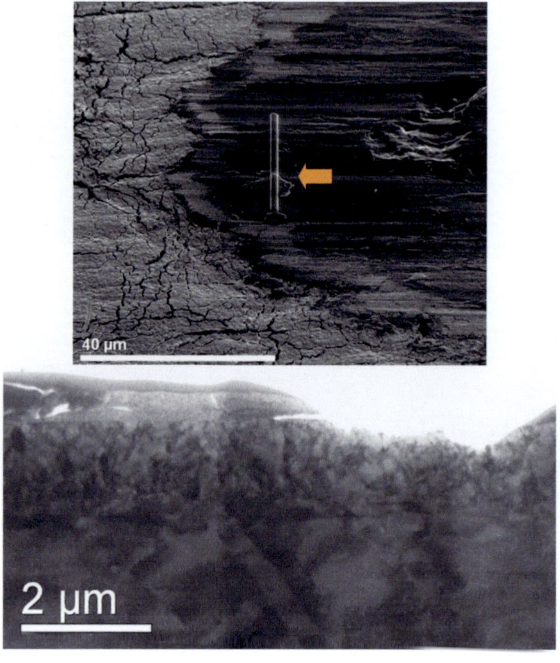

Abbildung 4.16: REM-Aufnahme Terminalverschleißspur, Position der TEM-Lamelle (oben); TEM-Aufnahme der Lamelle (unten).

Die genauen Lamellenpositionen sind jeweils aus den REM-Aufnahmen bzw. der zu Präparationszwecken lokal abgeschiedenen Platinschicht (Balken in den REM-Aufnahmen) ersichtlich. Der in Abbildung 4.16 mit einem Pfeil gekennzeichnete erhabene Bereich in einer Terminalverschleißspur ($\Delta x = 38\,\mu m$) wurde dabei genauer untersucht. Es zeigt sich, dass es sich hierbei um aufplattierte Partikel handelt.

Um Aussagen über die chemische Zusammensetzung der Partikelaufplattierung treffen zu können, wurde ein EDX-Linienscan (siehe Abbildung 4.17) durchgeführt. Hier zeigt sich, dass Au- (im DF hell dargestellt) und Ni-Verschleißpartikel mechanisch durchmischt und wieder aufplattiert wurden. Der EDX-Linienscan zeigt bei ca. 260 nm und 360 nm ein Goldsignal. Das ebenfalls angeregte Pt-Signal ist auf eine mit Gold vergleichbare Anregungsenergie zurückzuführen. Da aber in der Tiefe der Verschleißspur kein Platin vorliegen kann, muss es sich um Gold handeln.

Die Nickelverschleißpartikel nehmen in der Partikelaufplattierung den weitaus größeren Anteil ein und liegen vermutlich in oxidierter Form vor. Die Goldschicht wurde vollständig abgetragen und ist somit nicht mehr vorhanden.

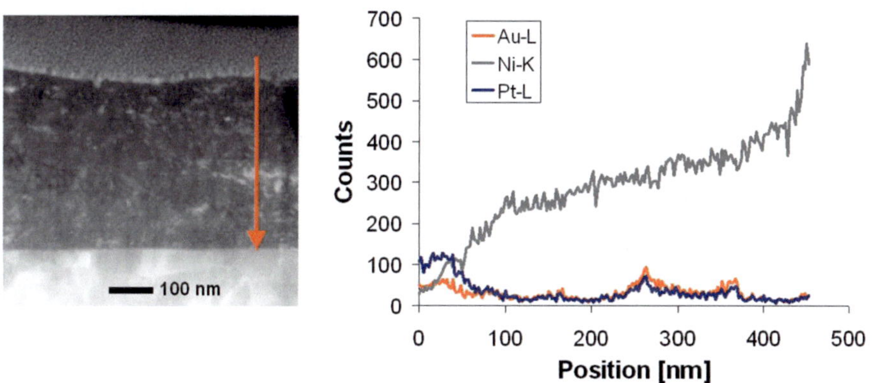

Abbildung 4.17: STEM-Dunkelfeldaufnahme in der Terminal-Verschleißspur (links), EDX-Linienscan der Partikelaufplattierung (rechts).

Hochauflösende Hell- und Dunkelfeldaufnahmen dieser Aufplattierung sind in Abbildung 4.18 zu sehen. Durch die im Vergleich zum Bulk geringere Dichte ließ sich die Aufplattierung gut durchstrahlen und das Gefüge ist gut zu erkennen. Die beobachteten Kristallgrößen liegen in etwa bei 5 − 25 nm. Eine Beugungsmessung an gleicher Stelle liefert sowohl viele einzelne Reflexe, also eine polykristalline Struktur, als auch die für amorphe Materialien typische Ringstruktur.

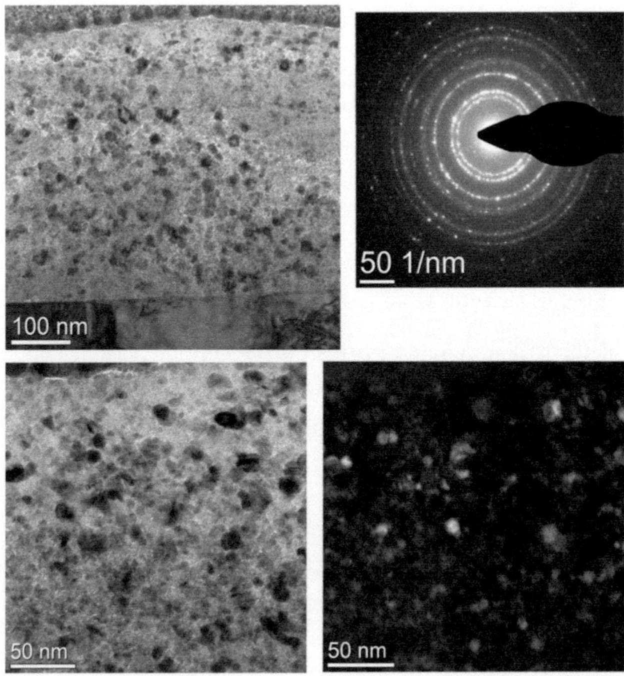

Abbildung 4.18: TEM-Aufnahmen der Partikelaufplattierungen in der Terminal-Verschleißspur, Detailaufnahmen als Hell- (unten und oben links) und Dunkelfeld (unten rechts) sowie Beugungsbild dieser Stelle (oben rechts).

Im Gefüge der Aufplattierung lassen sich zudem Moiré-Effekte erkennen, was ebenfalls auf eine kristalline Struktur schließen lässt. Für die gemessenen amorphen Anteile gibt es viele Quellen. Zum einen liegt die Lamelle auf einem amorphen Kohlenstofffilm, der auch durchstrahlt wird und zum anderen ergibt eine Kornfeinung zwangsläufig einen größeren Anteil an Korngrenzen. Verschleißpartikel der NiP-Schicht der LP können ebenfalls einen amorphen Anteil bereitstellen. Die Dunkelfeldaufnahme in Abbildung 4.18 besteht aus mehreren Reflexen, die über eine Langzeitbelichtung und der Rotation der, aus dem

Zentrum versetzten, Blende auf einem Beugungsring aufgenommen wurde. Diese Aufnahme bestätigt noch einmal die abgeschätzten Korndurchmesser durch die hell dargestellten Kristalle der angeregten Orientierungen.

Die zum Terminal gehörige LP-Verschleißspur wurde ebenfalls untersucht. Eine Lamelle wurde dabei an der in Abbildung 4.19 beschriebenen Stelle präpariert.

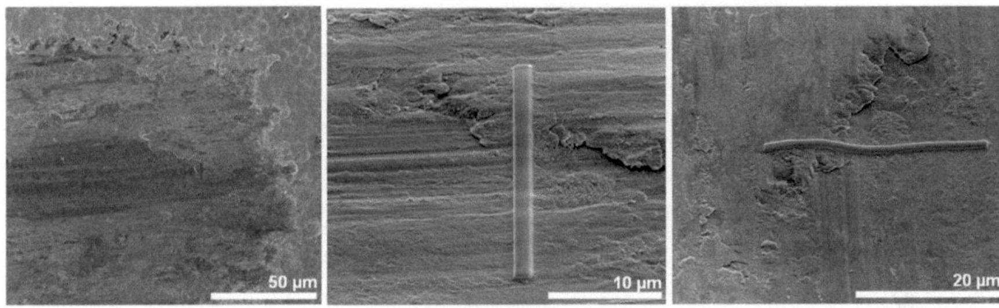

Abbildung 4.19: REM-Aufnahmen der LP-Verschleißspur, ein Platinbalken kennzeichnet die Entnahmestelle für die TEM-Präparation, rechte Aufnahme um 90° gedreht.

Die Lamelle schneidet einen großen erhabenen Bereich in der Verschleißspur. Die TEM-Aufnahmen (siehe Abbildung 4.20) bestätigen, dass es sich wiederum um aufplattierte Verschleißpartikel handelt. Der FIB-Schnitt in Abbildung 4.20 (oben) zeigt zudem, dass außerhalb der Platinpräparationsschicht durch den Ionenbeschuss in Richtung zur Mitte der Verschleißspur schon die NiP-Knospen zu erkennen sind. Die Aufplattierung hingegen ist zu dick um diese vollständig zu entfernen. Eine chemische Analyse dieser Aufplattierung mit dem STEM mittels eines EDX-Linienscans zeigt, dass es sich fast ausschließlich um Ni-Partikel handelt und auch auf der LP die Goldschicht vollständig abgetragen wurde. Die in der Mitte der Lamelle noch vorhandene Pt-Präparationsschicht erlaubt auch eine Aussage über die vom Ionenstrahl nicht beeinträchtigte Dicke der Aufplattierung mit > 1 µm.

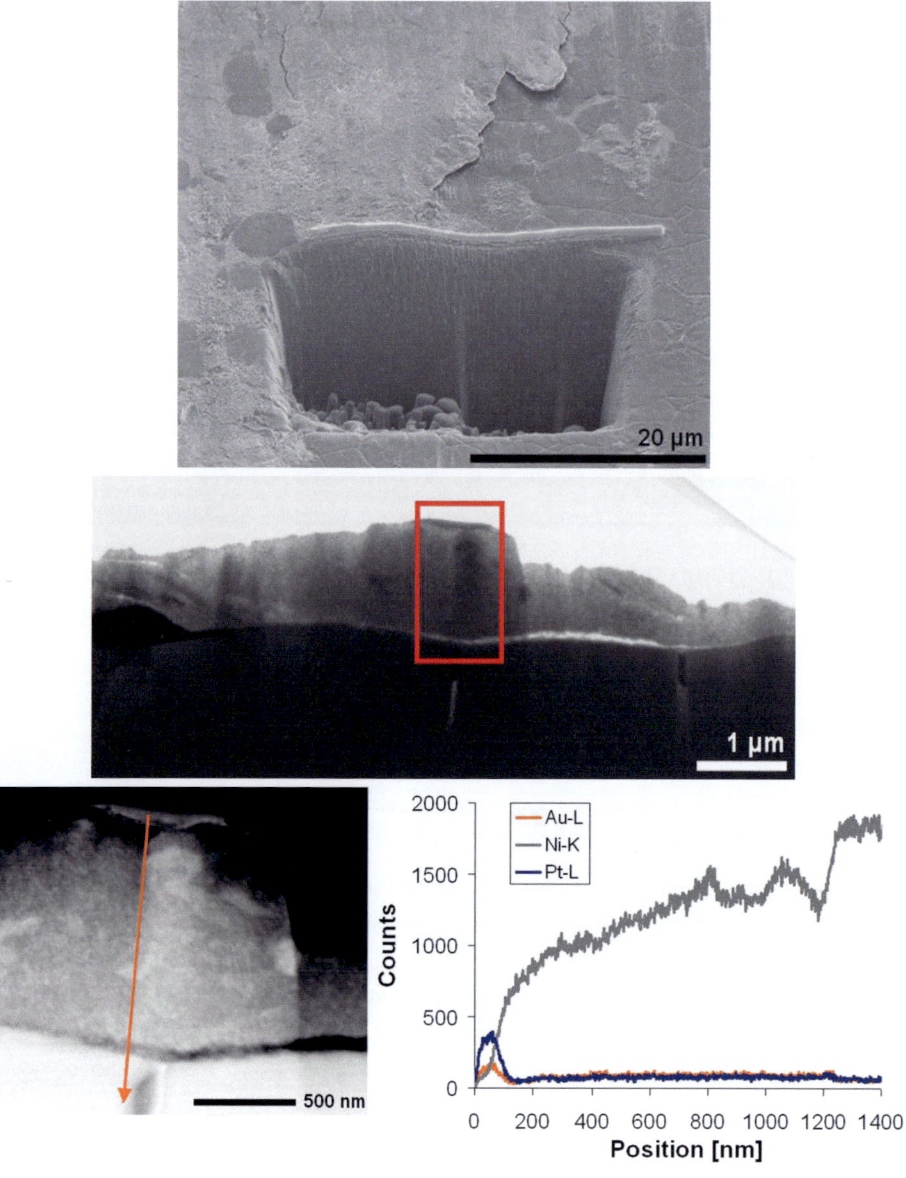

Abbildung 4.20: REM-Aufnahme der FIB-Präparation (oben links) an der Entnahmestelle aus Abbildung 4.19, TEM-Dunkelfeldaufnahmen der LP-Verschleißspur (oben rechts und unten links), EDX-Linienscan (unten rechts).

Die TEM-Detailaufnahmen der aufplattierten Partikel in Abbildung 4.21 zeigen das gleiche Gefüge wie auch die Aufplattierungen auf Seiten des Terminals und somit auch die
gleichen Korngrößen.

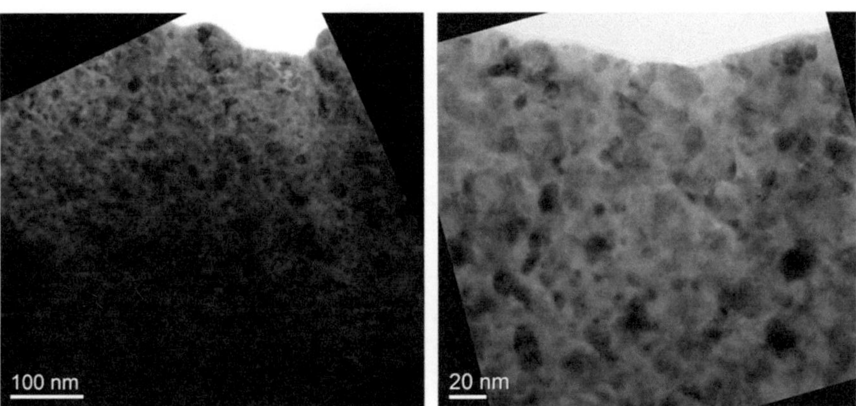

Abbildung 4.21: TEM-Aufnahmen der LP-Verschleißspur, Detailaufnahmen der Partikelaufplattierung aus Abbildung 4.20.

Eine weitere LP-Verschleißspur ($\Delta x = 38\,\mu m$) ist auf den Rückstreuelektronenaufnahmen
in Abbildung 4.22 oben gezeigt. Die Entnahmestelle für die TEM-Lamelle ist durch den
roten Rahmen gekennzeichnet. Die Übersichtaufnahme der gesamten Lamelle zeigt einen
Goldaufwurf am Rand der Verschleißspur sowie die unbeanspruchte Oberfläche rechts
davon. Eine EDX-Analyse (Abbildung 4.22) an der mit "2" gekennzeichneten Stelle bestätigt, dass es sich um einen reinen Goldaufwurf handelt. Das zusätzlich gemessene
Cu-Signal ist auf das Cu-Netzchen zurückzuführen, in welchem die Lamelle aufbewahrt
wird. Des Weiteren ist im tribologisch beanspruchten Bereich der Lamelle (links) über
der Goldschicht eine weitere Schicht zu erkennen. Diese mit "1" gekennzeichnete Stelle
wurde ebenfalls mit EDX untersucht. Hier wurde ein hoher Gehalt an Gold, Nickel und
Sauerstoff gemessen. Es lässt sich folgern, dass es sich um eine Aufplattierung von Gold-
und Nickelpartikeln handeln muss, die zumindest am Rand der Verschleißspur auf eine
noch vorhandene Goldschicht aufgebracht wurde.

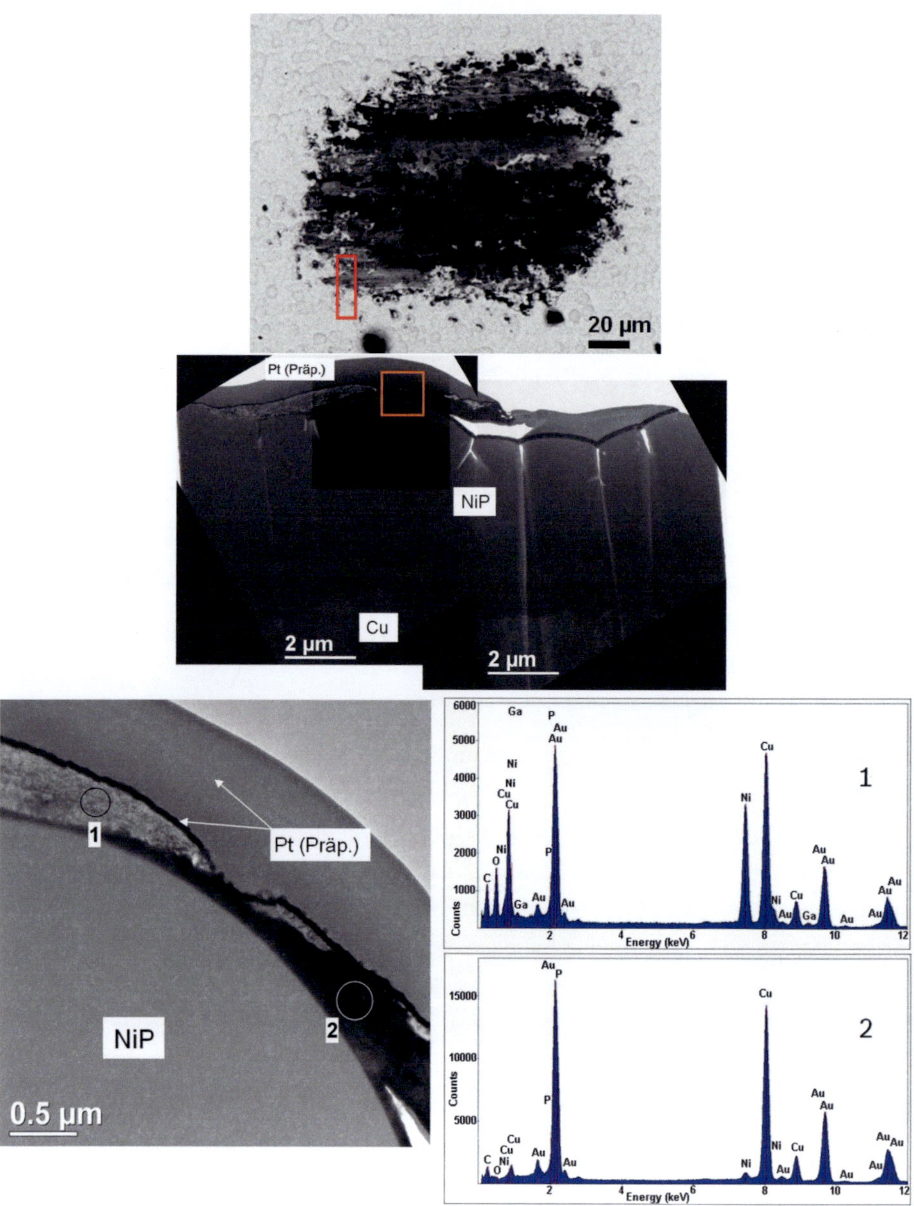

Abbildung 4.22: REM-Aufnahme (BSE) der LP-Verschleißspur ($\Delta x = 38\,\mu\text{m}$, oben), Übersicht TEM-Lamelle (HF, Mitte), TEM-EDX-Punktanalyse (HF, unten).

Die Untersuchung der LP- und Terminalverschleißspur eines Schwingverschleißversuchs mit $\Delta x = 2\,\mu m$ der als Durchläufer manuell abgebrochen wurde, zeigt einen ganz anderes Verschleißverhalten. Die REM-Aufnahmen zeigen ein sehr homogenes Verschleißbild (siehe Abbildung 4.23). Detailaufnahmen der LP-Verschleißspur zeigen zudem, dass es sich bei den helleren Stellen (Vergleiche Abbildung 4.23 unten rechts) in den REM-Aufnahmen um Goldpartikel zu handeln scheint. Auf der Terminaloberfläche ergibt sich das gleiche Bild, so dass diese Aufnahmen nicht explizit dargestellt sind.

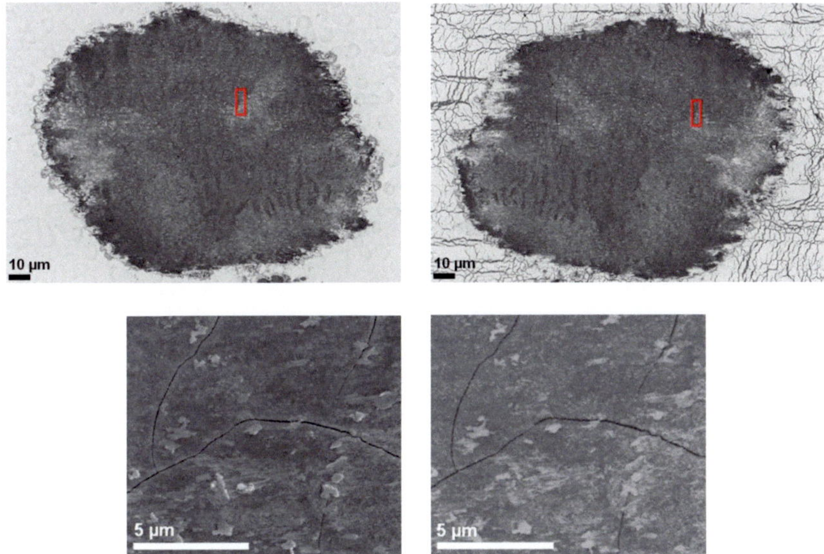

Abbildung 4.23: REM-Aufnahmen (BSE) der LP- (oben links) und Terminalverschleiß-spur (oben rechts) mit $\Delta x = 2\,\mu m$ und $N = 2,37 \times 10^7$ Zyklen. Die Ent-nahmestellen der TEM-Lamellen sind mit einem Rahmen gekennzeich-net. Detail-REM-Aufnahmen der LP-Verschleißspur im SE- (unten links) und BSE-Kontrast (unten rechts).

Die TEM-Aufnahmen der Verschleißspur des Terminals und der LP in Abbildung 4.24 und Abbildung 4.25 zeigen ebenfalls ein sehr homogenes Bild.

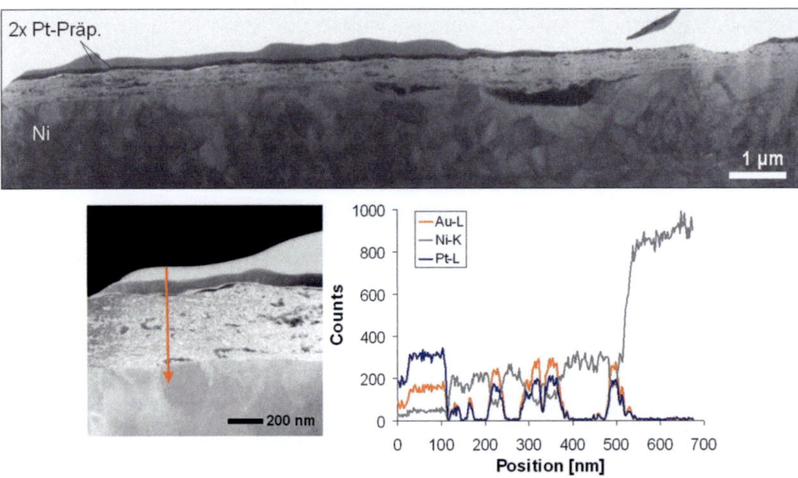

Abbildung 4.24: TEM-Aufnahme (HF) der Terminalverschleißspur mit $\Delta x = 2\,\mu m$ (oben) sowie TEM-EDX-Linienscan (HF) der Aufplattierung (unten).

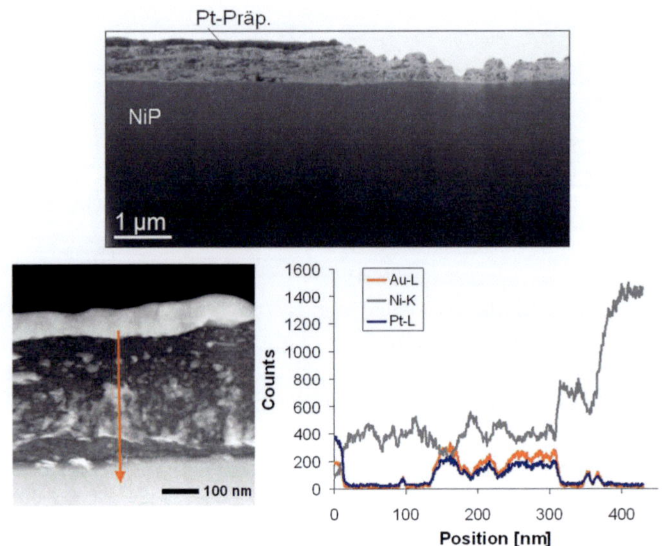

Abbildung 4.25: TEM-Aufnahme (HF) der LP-Verschleißspur mit $\Delta x = 2\,\mu m$ (oben) sowie TEM-EDX-Linienscan (DF) der Aufplattierung (unten).

Sowohl auf dem Terminal als auch auf der LP sind Partikelaufplattierungen zu sehen, die zumindest über die Lamellenbreite eine mehr oder weniger konstante Dicke von 0,3 bis 0,6 µm aufweisen. Die Aufplattierungen weisen zusätzlich eine Schichtstruktur von abwechselnden flachen Ni- und Au-Partikeln auf. Die TEM-Lamelle der Terminalverschleißspur in Abbildung 4.24 oben zeigt außerdem, dass diese Partikel teilweise auch auf verbliebene Reste der Goldschicht aufplattiert werden.

Die chemische Zusammensetzung der Verschleißspur wurde mit Hilfe der AES genauer untersucht. Der Fokus lag dabei vor allem auf der Oxidbildung des Nickels. Unter der Annahme, dass das Gold nicht oxidiert und die Kupfersubstrate nicht freigelegt werden, ist sämtlicher gemessener Sauerstoff entweder als oxidiertes Nickel oder in Form von Kohlenwasserstoffen gebunden. Eine mögliche Kobaltoxidation wird aufgrund des geringen Kobaltgehalts vernachlässigt. Um die inhomogene Verteilung des Nickeloxids in der Verschleißspur darzustellen, wurden O-Maps nach verschiedenen Sputtertiefen aufgenommen, um die Dicke der Nickeloxidschichten abschätzen zu können. Helle Stellen der Elementverteilungen weisen auf eine lokal hohe Intensität des untersuchten Elements hin.

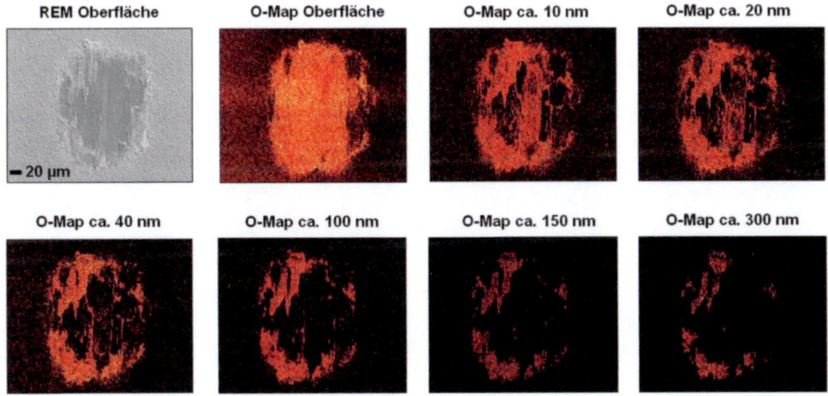

Abbildung 4.26: AES: SE-Aufnahme und O-Maps einer LP-Verschleißspur ($\Delta x = 38\,\mu m$) nach unterschiedlichen Sputtertiefen.

Die Verschleißspur einer LP nach einem Schwingverschleißversuch bis EoL mit einer Schwingweite von $\Delta x = 38\,\mu m$ ist als SE-Aufnahme und als O-Maps in Abbildung 4.26

dargestellt. Es zeigt sich, dass die Belegung der Oberfläche mit organischen Substanzen durch das Absputtern der ersten Nanometer entfernt werden konnte. Durch ein gutes Hochvakuum von $< 10^{-8}$ Torr auch während des Sputterns konnte eine Wiederbelegung der Oberfläche innerhalb der Analysezeit ausgeschlossen werden. Dicke Oxidschichten bilden sich vor allem am Rand der Verschleißspur. Selbst durch ein Absputtern von ca. 300 nm konnten diese nicht vollständig entfernt werden. In der Mitte der Verschleißspur sind die Oxiddicken deutlich geringer und liegen in etwa bei $20 - 60$ nm. Die Analyse des Terminals aus demselben Schwingverschleißversuch ist in Abbildung 4.27 zu sehen. Es zeigt sich, dass die Oxidschichten hier ebenfalls deutlich dicker als 400 nm sind. Allerdings sind die dicken Oxidschichten nicht wie bei der LP hauptsächlich auf den Rand der Verschleißspur begrenzt, sondern verteilen sich über die gesamte Verschleißspur. Wie auf den SE-Aufnahmen der entsprechenden O-Maps zu sehen, handelt es sich hierbei um große plättchenförmige Oberflächenaufträge.

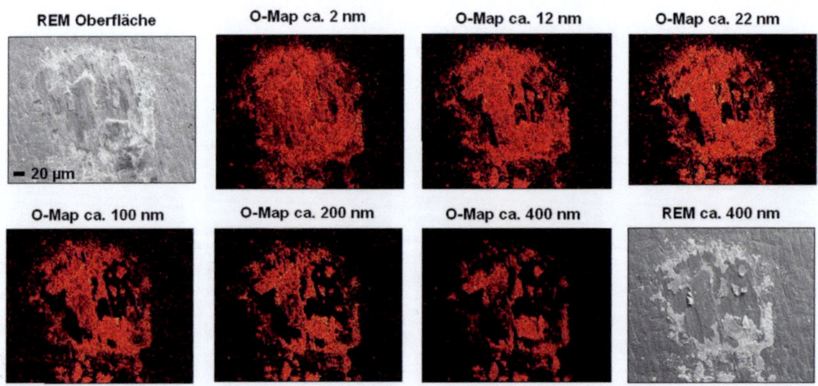

Abbildung 4.27: AES SE-Aufnahme und O-Maps einer Terminal-Verschleißspur (Δx = 38 µm) nach unterschiedlichen Sputtertiefen.

Um einen Vergleich zu einer kleineren Schwingweite ziehen zu können, wurden die gleiche AES-Untersuchungen an einer LP und einem Terminal aus einem Schwingverschleißversuch bis EoL mit Δx = 10 µm durchgeführt.

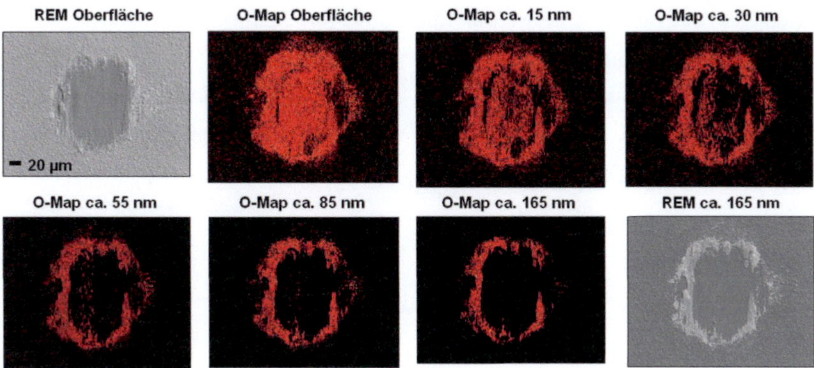

Abbildung 4.28: AES SE-Aufnahme und O-Maps einer LP-Verschleißspur ($\Delta x = 10\,\mu m$) nach unterschiedlichen Sputtertiefen.

Die O-Maps der LP (siehe Abbildung 4.28) zeigen tendenziell die gleiche Sauerstoffverteilung in der Verschleißspur wie die LP bei $\Delta x = 38\,\mu m$ in Abbildung 4.26. Wieder befinden sich die dicken Oxidschichten am Rand der Verschleißspur. Allerdings scheinen die Oxidschichten in der Mitte der Spur viel gleichmäßiger zu sein und weisen nur eine Dicke von ca. $15 - 30\,nm$ auf.

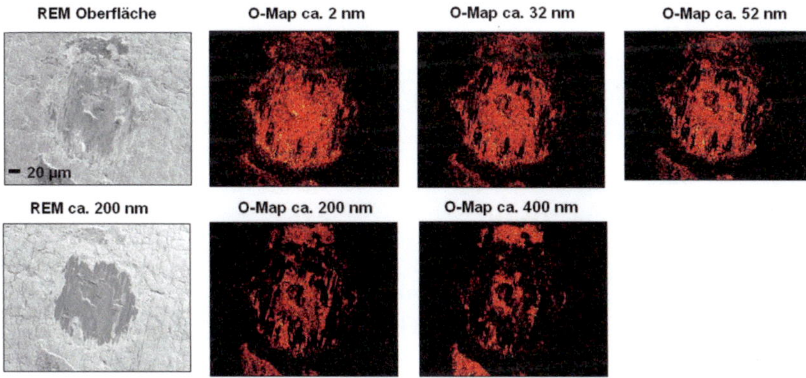

Abbildung 4.29: AES SE-Aufnahme und O-Maps einer Terminal-Verschleißspur ($\Delta x = 10\,\mu m$) nach unterschiedlichen Sputtertiefen.

Auf Seiten des Terminals sind wieder die oxidierten Aufplattierungen zu sehen (siehe Abbildung 4.29), die teilweise dicker als die durchgeführte Sputtertiefe von 400 nm sind. Die Terminalaufplattierungen scheinen ebenso wie die LP-Aufplattierungen gleichmäßiger über die gesamte Verschleißspur vorzuliegen als bei den Verschleißspuren mit $\Delta x = 38\,\mu m$.

Generell konnte in allen Oxidschichten, sowohl auf dem Terminal als auch auf der LP, kein Phosphor nachgewiesen werden.

4.3.2 Einfluss der Goldschichtdicke

Um den Einfluss der Terminalgoldschichtdicke auf die Lebensdauer des Tribosystems zu quantifizieren, wurden neben den Terminals mit $0,4\,\mu m$ AuCo auch AuCo-Schichtdicken mit $0,2\,\mu m$ und $0,8\,\mu m$ untersucht.

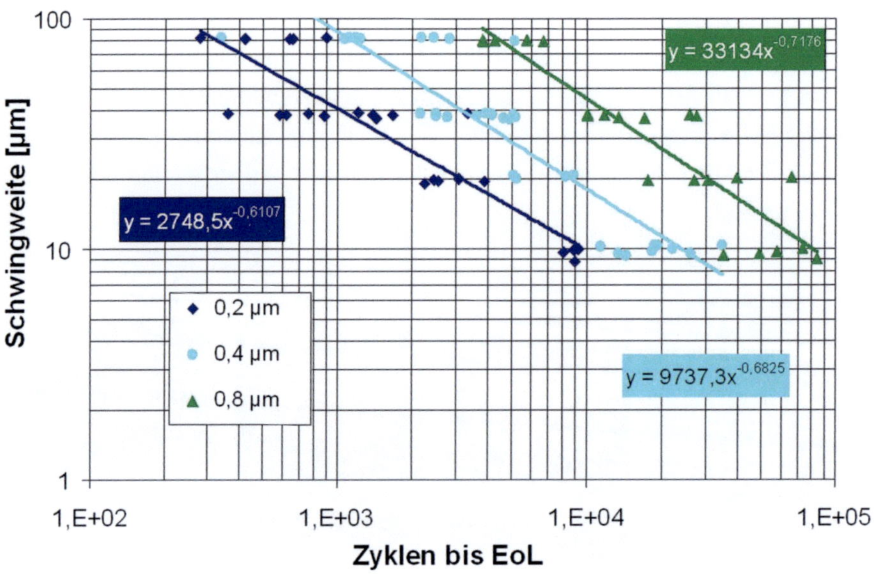

Abbildung 4.30: Einfluss der Terminalgoldschichtdicke auf die Lebensdauer des Tribosystems

Alle Terminals wiesen dabei das gleiche Substrat sowie eine identische Unternickelung auf. Zusätzlich zur Terminalgoldschichtdicke wurden auch die Schwingweiten variiert, um die Lebensdauerkurven der verschiedenen Terminalgoldschichtdicken gegenüberzustellen (siehe Abbildung 4.30). Die Lebensdauerkurven der Tribosysteme mit Terminals der Hartgoldschichtdicken $0,2\,\mu m$, $0,4\,\mu m$ und $0,8\,\mu m$ weisen, im Rahmen der Streuung, eine ähnliche Steigung auf. Die Änderung der Terminalgoldschichtdicke scheint somit eine Parallelverschiebung im Lebensdauerdiagramm zu sein, so dass Tribosysteme mit größeren Hartgoldschichtdicken eine größere Lebensdauer aufweisen.

4.3.2.1 Reibwert- und Übergangswiderstandsmessungen

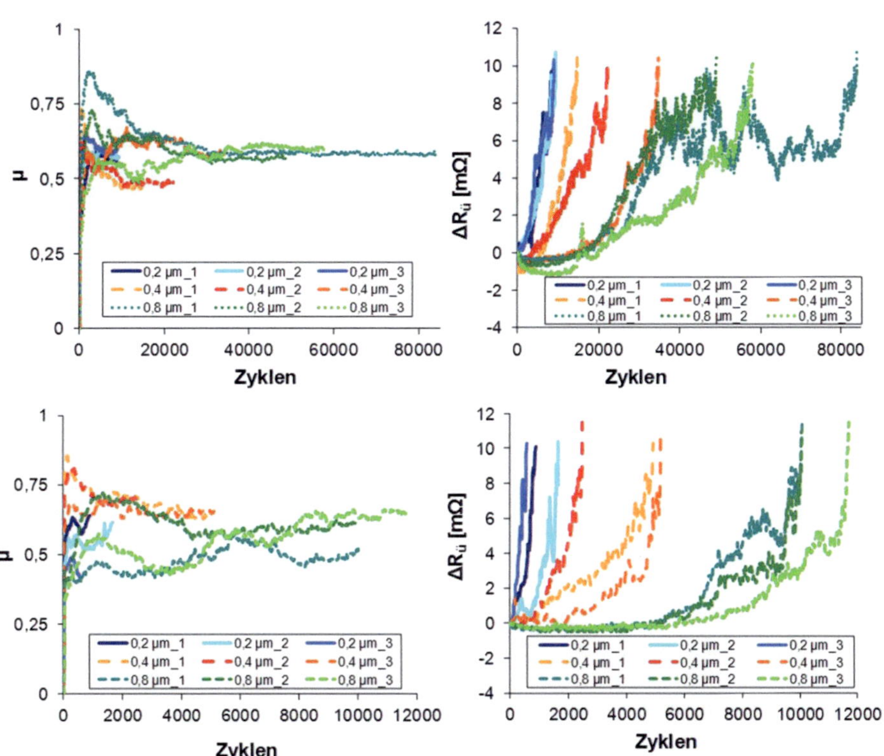

Abbildung 4.31: Reibwert- (links) und Übergangswiderstandsverläufe (rechts) von Tribosystemen mit unterschiedlichen Terminalgoldschichtdicken bei Schwingweiten $\Delta x = 10\,\mu m$ (oben) und $\Delta x = 38\,\mu m$ (unten).

Die in Abbildung 4.31 dargestellten jeweils drei Reibwertverläufe aller Tribosysteme der Terminals mit den Hartgoldschichtdicken von $0,2\,\mu m$, $0,4\,\mu m$ und $0,8\,\mu m$ zeigen bei allen untersuchten Schwingweiten einen ähnlichen Reibwertverlauf. Die $R_\ddot{u}$-Anstiege zeigen ebenfalls keine Unterschiede und zeichnen sich meistens, wie schon erwähnt, durch einen zuerst langsamen Anstieg um wenige Milliohm aus, gefolgt von einem starken Anstieg bis zum EoL.

4.3.2.2 Verschleißmessung

Neben den EoL-Versuchen wurden auch Abbruchversuche durchgeführt, um die Verschleißentwicklung über der Zyklenzahl zu untersuchen. Wie auch schon im Reibwert, zeigt sich auch bei der Verschleißbeständigkeit kein signifikanter Unterschied zwischen den Terminals mit $0,2\,\mu m$, $0,4\,\mu m$ und $0,8\,\mu m$ Hartgoldschichtdicke. Die Steigung des Verschleißvolumenverlaufs des Terminals liegt in etwa bei $1,8 - 2,23$.

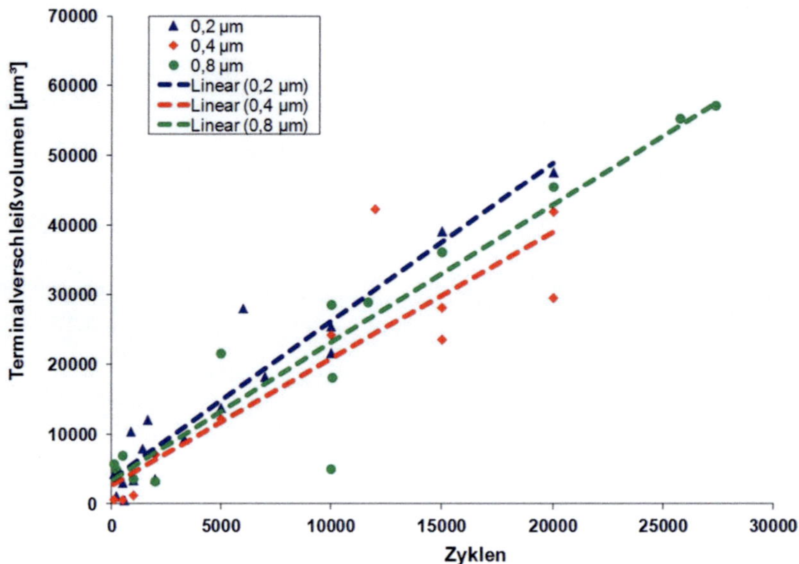

Abbildung 4.32: Verschleißvolumenentwicklung der Terminals in Abhängigkeit der AuCo-Schichtdicke.

4.3.2.3 Verschleißerscheinungsformen

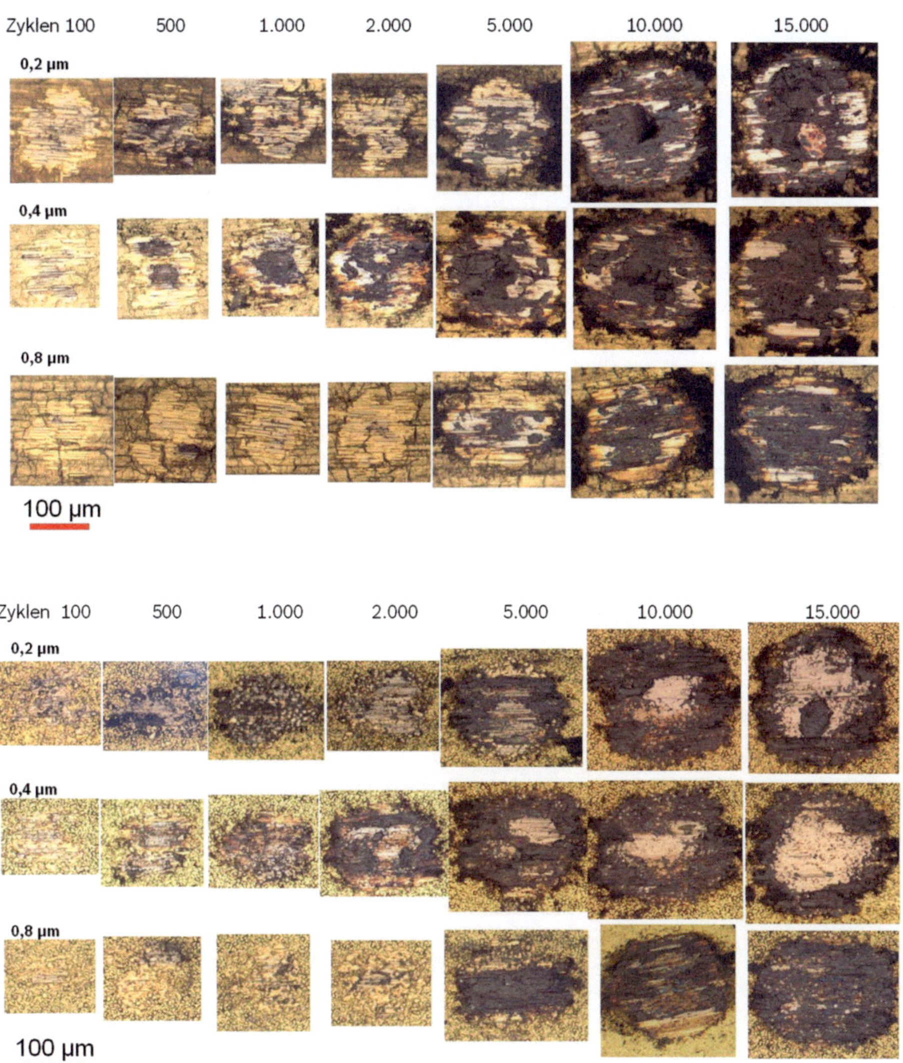

Abbildung 4.33: Lichtmikroskopaufnahmen der Terminal- (oben) und LP-Verschleißspuren mit $R_z = 2,17\,\mu m$ (unten) nach Schwingverschleißversuchen mit $\Delta x = 38\,\mu m$.

Die aus den Abbruchversuchen stammenden Lichtmikroskopaufnahmen der Terminals und
LP in Abbildung 4.33 zeigen, dass sich der Golddurchrieb auf LP und Terminal mit größerer Hartgoldschichtdicke des Terminals verzögert. Die Aufnahmen bei großen Zyklenzahlen zeigen zudem in der Mitte der LP-Verschleißspur eine Einebnung (helle Stellen)
der NiP-Schicht.

4.3.3 Einfluss der Gleitgeschwindigkeit

Der Einfluss der Gleitgeschwindigkeit (mittlere Gleitgeschwindigkeit bei Sinusanregung)
wurde anhand der Variation der Tribometerfrequenz untersucht. Dabei wurden Frequenzen von 1 Hz bis maximal 100 Hz bei unterschiedlichen Schwingweiten untersucht. Die
Ergebnisse in Abbildung 4.34 zeigen bei allen untersuchten Schwingweiten keinen signifikanten Einfluss der Gleitgeschwindigkeit auf die Zyklen bis EoL und somit keinen Einfluss
auf die Lebensdauer des Tribosystems.

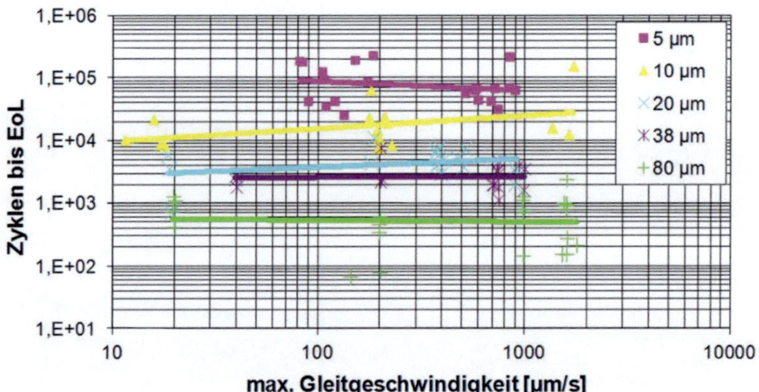

Abbildung 4.34: Einfluss der Gleitgeschwindigkeit auf die Lebensdauer in Abhängigkeit
der Schwingweite.

Die Reibwert- und $R_{\ddot{u}}$-Verläufe bei verschiedenen Frequenzen, aufgetragen über der Zyklenzahl, unterscheiden sich nicht. Aufgrund dessen wird auf eine Darstellung verzichtet
und auf Abbildung 4.10 verwiesen.

Die Verschleißspuren der Versuche mit unterschiedlicher Tribometerfrequenz wurden vergleichend mit dem Lichtmikroskop betrachtet, um Rückschlüsse auf sich ändernde Verschleißmechanismen zu ziehen. In Abbildung 4.35 sind beispielhaft die Verschleißspuren bei Δx = 80 µm und unterschiedlichen Gleitgeschwindigkeiten zu sehen. Das phänomenologische Verschleißbild weist in diesem Fall keine Anzeichen für einen sich ändernden Hauptverschleißmechanismus auf. Bei den anderen untersuchten Schwingweiten (Δx = 5/10/20/38 µm) zeigen sich ebenfalls keine Unterschiede.

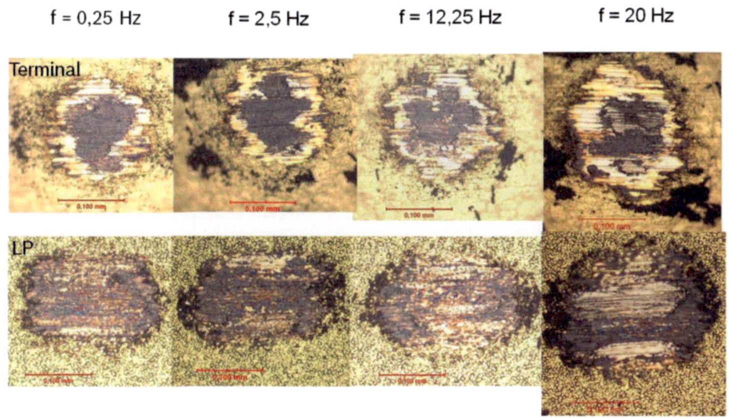

Abbildung 4.35: Lichtmikroskopaufnahmen der LP- und Terminalverschleißspuren bei Δx = 80 µm und verschiedenen Gleitgeschwindigkeiten, bzw. Frequenzen.

4.3.4 Einfluss der Leiterplattenrauheit

Der Einfluss der Leiterplattenrauheit wurde durch LP mit unterschiedlichen Oberflächenrauheiten ermittelt. Eine Aufstellung der LP-Rauheiten ist Kapitel 4.2.2 zu entnehmen.

Die Untersuchung des Einflusses der Schwingweite auf Tribosysteme mit zwei unterschiedlichen LP-Rauheiten ist in der Lebensdauerkurve in Abbildung 4.36 gezeigt. Eine größere LP-Rauheit bewirkt vor allem bei großen Schwingweiten eine geringere Lebensdauer des Tribosystems. Bei kleinen Schwingweiten (ab ca. 10 µm) scheint die LP-Rauheit keinen Einfluss mehr zu haben. Somit beeinflusst die LP-Rauheit die Steigung der Lebensdauergeraden.

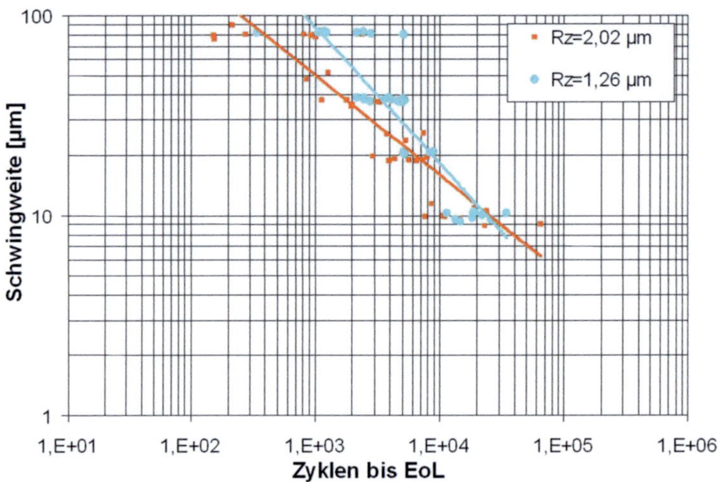

Abbildung 4.36: Lebensdauerdiagramm: Einfluss der LP-Rauheit ($R_z = 2,02\,\mu m$ vs. $R_z = 1,26\,\mu m$).

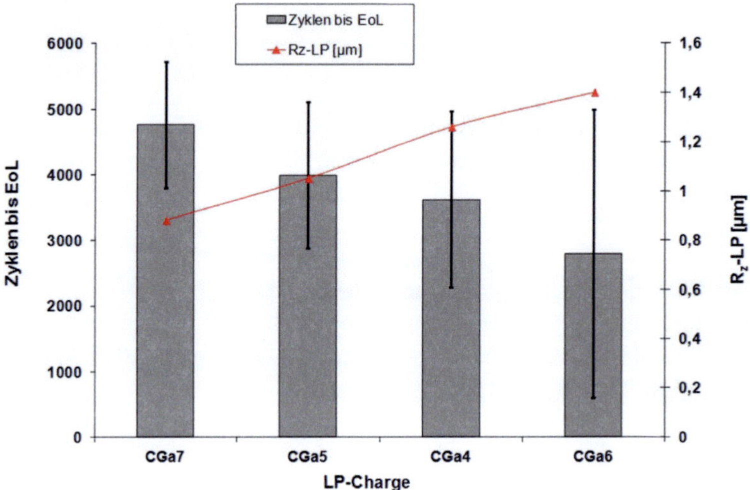

Abbildung 4.37: Einfluss der Leiterplattenrauheit auf die Zyklen bis EoL im Schwingver-schleißversuch ($\Delta x = 38\,\mu m$), Darstellung des Mittelwerts und der Standardabweichung.

Die Ergebnisse aus Schwingverschleißversuchen ($\Delta x = 38\,\mu m$, $F_N = 1\,N$, $f = 10\,Hz$, $T = 22°C$, r.F. $= 50\%$) bei mehreren unterschiedlichen LP-Rauheiten (unterschiedliche LP-Chargen), jedoch den gleichen Terminals, sind in Abbildung 4.37 abgebildet. Je kleiner die LP-Rauheit, desto größer sind die Zyklenzahlen bis zum Erreichen des EoL. Allerdings kann dieser Zusammenhang nur als Trend bezeichnet werden, da sich die Streubänder der Ergebnisse aus unterschiedlichen Rauheitsversuchen überschneiden und somit nicht statistisch signifikant unterschieden werden können. Bei größeren LP-Rauheiten scheint zudem die Streuung der Versuchsergebnisse anzusteigen.

4.3.4.1 Reibwert- und Übergangswiderstandsmessungen

Die Reibwertverläufe von Tribosystemen mit großer LP-Rauheit ($R_z = 2,02\,\mu m$) zeigen einen, gegenüber dem Tribosystem mit kleiner LP-Rauheit ($R_z = 1,26\,\mu m$), teilweise leicht erhöhten Reibwert. Dies ist für die Schwingweite $\Delta x = 38\,\mu m$ beispielhaft an einigen Reibwertverläufen in Abbildung 4.38 zu sehen.

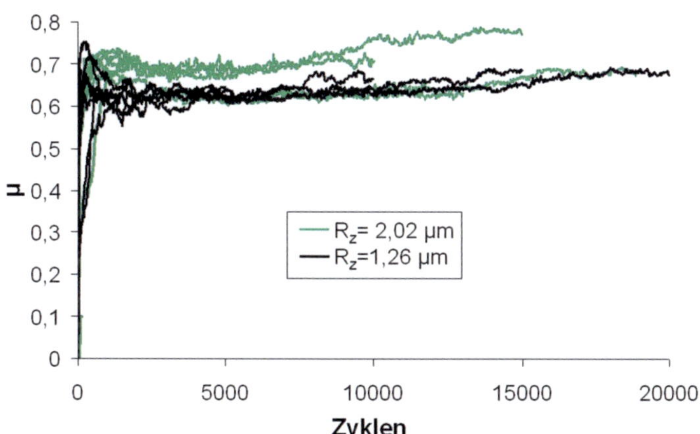

Abbildung 4.38: Reibwertverläufe der Tribosysteme mit unterschiedlicher LP-Rauheit bei $\Delta x = 38\,\mu m$.

4.3.4.2 Verschleißmessung

Die Verschleißvolumenentwicklung der Terminals aus Tribosystemen mit den unterschiedlichen LP-Rauheiten ist in Abbildung 4.39 zu sehen. Die Verschleißentwicklung der Terminals im Kontakt mit der größeren LP-Rauheit zeigt eine signifikant erhöhte Verschleißrate.
Die Verschleißvolumenentwicklung scheint, zumindest unterhalb von 10.000 Zyklen, linear
zu verlaufen.

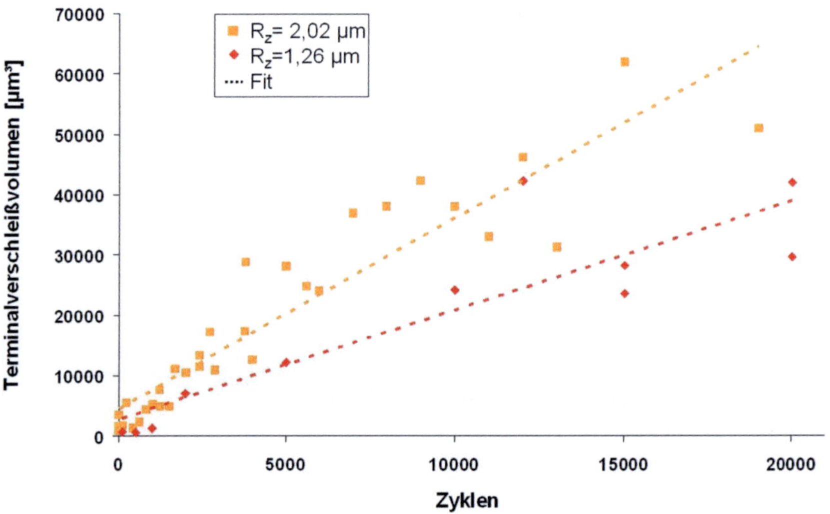

Abbildung 4.39: Verschleißvolumenentwicklung der Terminals bei verschiedenen LP-
Rauheiten.

4.3.4.3 Verschleißerscheinungsformen

Die REM-Aufnahmen der Tribosysteme mit kleiner LP-Rauheit nach Abbruchversuchen
mit wenigen Zyklenzahlen sind in Abbildung 4.40 dargestellt. Hierbei zeigt sich, dass im
Vergleich zu Abbildung 4.13 (große LP-Rauheit) in den Terminalverschleißspuren nur sehr
schwer Furchen zu erkennen sind. Zudem zeigen die LP-Verschleißspuren, dass nur wenige
NiP-Knospen unter der noch vorhandenen Goldschicht zu erkennen sind.

Abbildung 4.40: REM-Aufnahmen (SE) der Terminals (oben) und der LP (unten) mit einer kleinen LP-Rauheit ($R_z = 1,26\,\mu m$) nach den Abbruchversuchen.

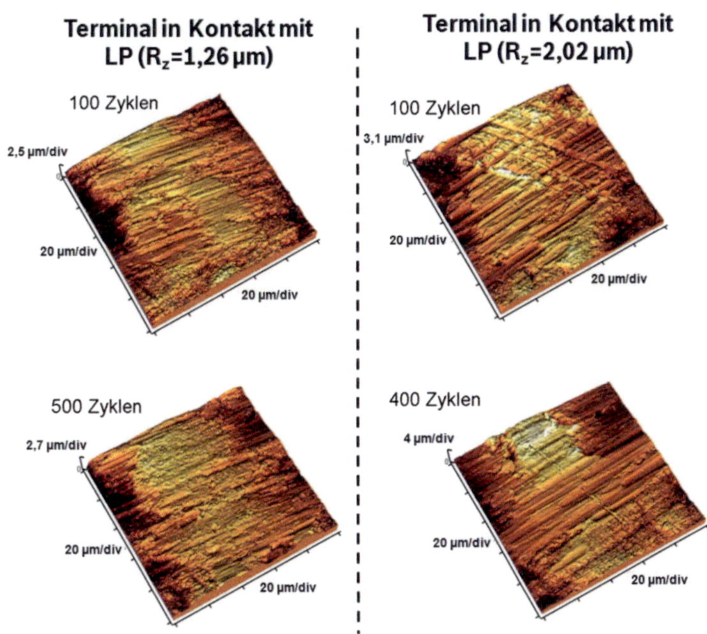

Abbildung 4.41: AFM-Aufnahmen der Terminalverschleißspur von Terminals im Kontakt mit LP $R_z = 1,26\,\mu m$ (links) und LP $R_z = 2,02\,\mu m$ (rechts).

Die Gegenüberstellung von AFM-Aufnahmen der Terminalverschleißspuren nach 100 Zyklen und 400 bzw. 500 Zyklen von Terminals, die im Kontakt mit der LP $R_z = 1,26\,\mu m$ und LP $R_z = 2,02\,\mu m$ waren (siehe Abbildung 4.41), zeigt dass auch auf den Terminaloberflächen die in Kontakt mit der kleinen LP-Rauheit waren, Furchen zu erkennen sind. Diese haben jedoch einen kleinen Furchenradius und eine geringe Eindringtiefe. Die Furchen in der Verschleißspur der Terminals, die im Kontakt mit der größeren LP-Rauheit waren, zeigen deutlich breitere und vor allem tiefere Furchen.

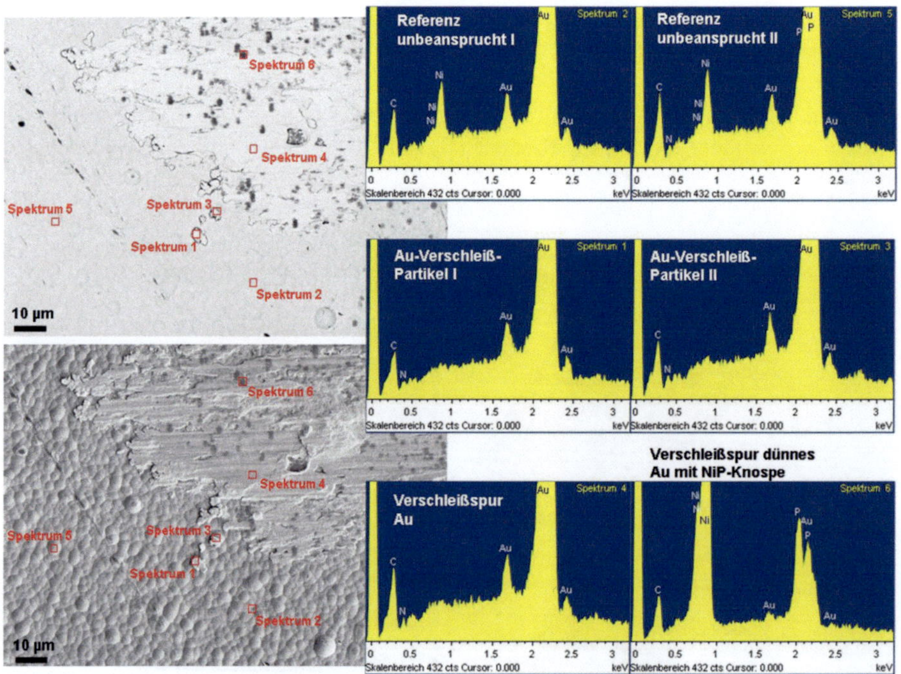

Abbildung 4.42: REM-Aufnahmen (oben BSE, unten SE) und EDX-Punkt-Analysen einer LP-Verschleißspur nach 25 Zyklen ($R_z = 1,26\,\mu m$).

Die chemische Analyse einer LP-Verschleißspur nach 25 Zyklen mit der REM-EDX ist in Abbildung 4.42 gezeigt. Die REM-Detailaufnahmen zeigen unter anderem Verschleißpartikel (Spektrum 1, 3), die mit EDX als reine Goldpartikel identifiziert werden können. In der Verschleißspur wurden zwei Messungen vorgenommen: Eine Messung auf einer schon sichtbaren NiP-Knospe (Spektrum 6) sowie eine Messung auf einer verwischten Goldstelle (Spektrum 4). Auf der NiP-Knospe ist Nickel, Phosphor und Gold nachzuweisen. Eine eventuelle Oxidation der NiP-Knospe kann allerdings nicht ausgeschlossen werden, da diese nur zu einem Sauerstoff-Signal mit geringer Intensität führen würde. Die EDX-Messung in der goldverwischten Verschleißspur zeigt, im Gegensatz zu den Referenzmessungen (Spektrum 2, 5) auf den unbeanspruchten LP-Stellen, keinen Einfluss der darunterliegenden NiP-Schicht. Es kann davon ausgegangen werden, dass ein zusätzlicher Goldübertrag an dieser Stelle die Goldschichtdicke erhöht und somit ein EDX-Signal aus der NiP-Schicht verhindert.

4.3.5 Einfluss der Luftfeuchte

Der Einfluss der Luftfeuchte wurde durch Tribometerversuche mit 20%, 50% und 80% r.F. untersucht. Der Einfluss der Temperatur wurde zusätzlich bei den schon genannten relativen Luftfeuchten mit den Temperaturen 20°C und 80°C betrachtet. Mit $\Delta x = 38\,\mu m$ und $F_N = 1\,N$ wurden EoL-Versuche gefahren und die Mittelwerte der gelaufenen Zyklen bis zu Erreichen des Abbruchkriteriums von $\Delta R_{\ddot{u}} > 10\,m\Omega$ mit ihrer Standardabweichung in Abbildung 4.43 aufgetragen.

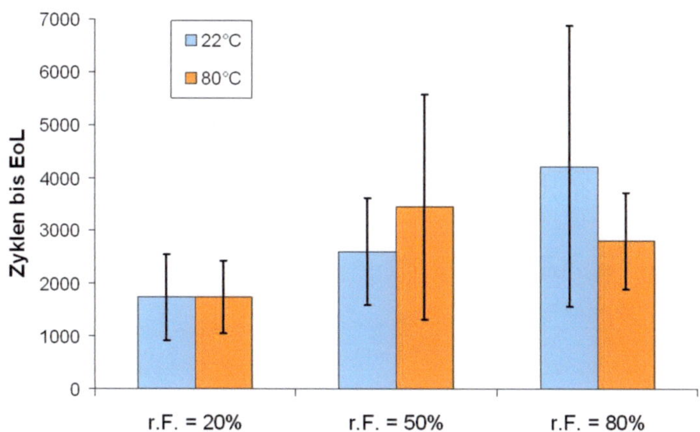

Abbildung 4.43: Einfluss von Temperatur und Luftfeuchte.

Trotz der großen Streuung der Versuchsergebnisse lässt sich der Trend erkennen, dass die Lebensdauer des Tribosystems mit größerer relativer Luftfeuchte steigt und eine Temperaturerhöhung keinen signifikanten Einfluss auf die Lebensdauer auszuüben scheint.

4.3.5.1 Reibwert- und Übergangswiderstandsmessungen

Die Reibwertverläufe der Schwingverschleißversuche mit unterschiedlicher relativer Luftfeuchte unterscheiden sich nur geringfügig. Die Tribosysteme mit einer relativen Luftfeuchte von r.F. = 20% weisen einen ähnlichen Reibwert auf wie Versuche mit r.F. = 50%. Die Reibwerte mit r.F. = 80% zeigen jedoch einen niedrigen Reibwert. Allerdings weisen die Reibwertverläufe verschiedener Wiederholungsversuche auch eine große Streuung auf.

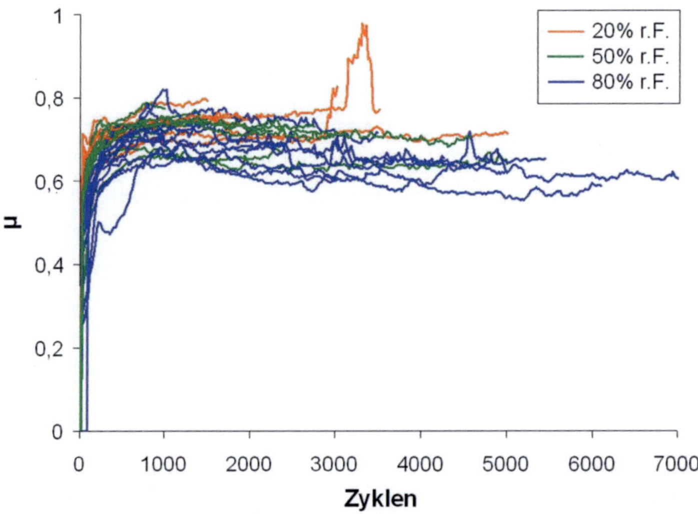

Abbildung 4.44: Reibwertverlauf in Abhängigkeit der relativen Luftfeuchte.

4.3.5.2 Verschleißmessung

Zur Beurteilung der Verschleißraten des Tribosystems bei unterschiedlichen relativen Luftfeuchten wurden Abbruchversuche durchgeführt. Das gemessene Verschleißvolumen der Terminals wurde dabei über der Zyklenzahl bis EoL aufgetragen (siehe Abbildung 4.45, oben). Schwingverschleißversuche bei 20% r.F. zeigen einen im Vergleich zu 50% und 80% r.F. relativ großen Terminalverschleiß. Zwischen 50% und 80% r.F. zeigt sich kein signifikanter Unterschied im Verschleißvolumen der Terminals.

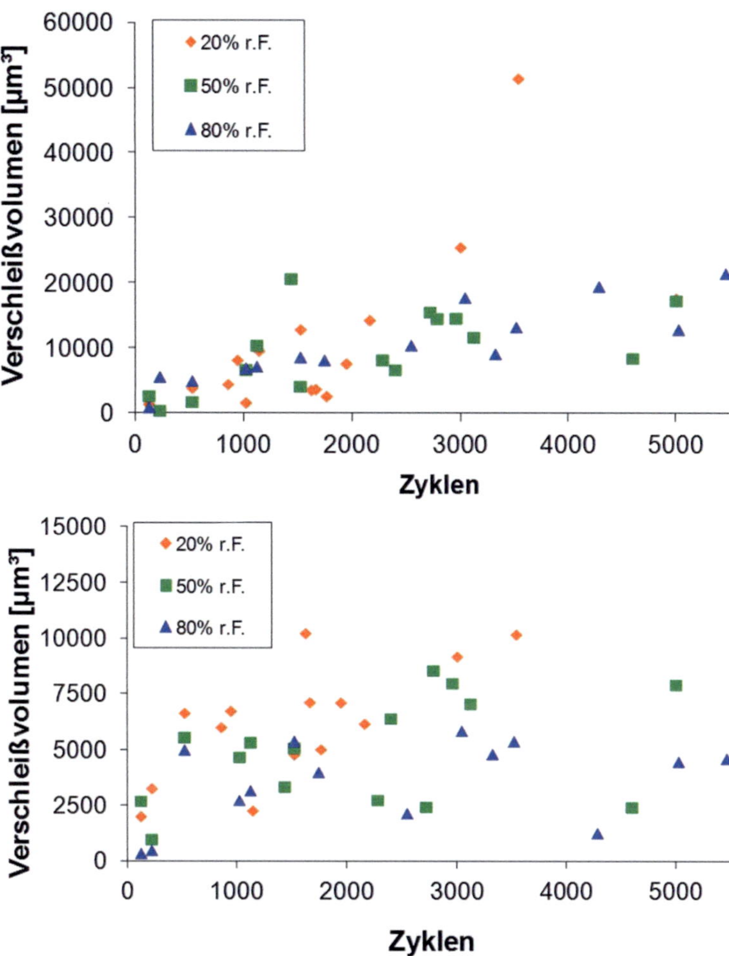

Abbildung 4.45: Einfluss der relativen Luftfeuchte auf den Verschleißfortschritt: Terminal (oben), LP (unten).

Auf Seiten der LP zeigt sich ein ähnliches Bild (siehe Abbildung 4.45, unten). Bei kleineren relativen Luftfeuchten sind die Verschleißvolumina größer. Die größte eingestellte relative Luftfeuchte von $r.F. = 80\%$ führt somit zum geringsten LP-Verschleißvolumen.

4.3.5.3 Verschleißerscheinungsformen

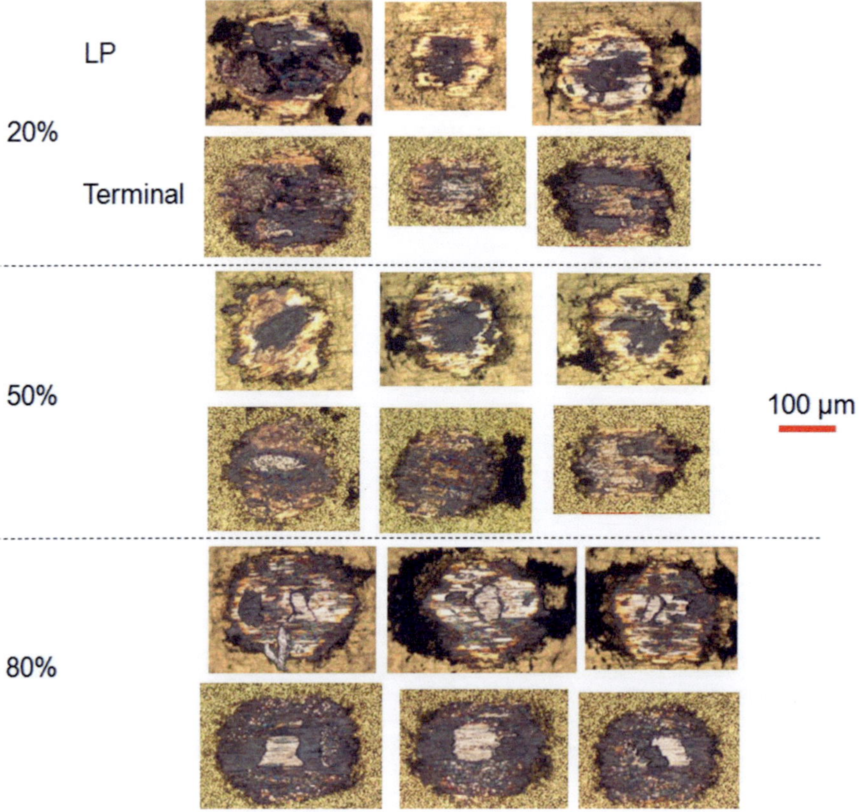

Abbildung 4.46: Lichtmikroskopaufnahmen von LP- und Terminalverschleißspuren bei unterschiedlichen relativen Luftfeuchten ($\Delta x = 38\,\mu m$).

Die Lichtmikroskopaufnahmen der LP- und Terminalverschleißspuren der Schwingverschleißversuche mit einer relativen Luftfeuchte von r.F. = 80% unterscheiden sich von denen mit r.F. = 50% und r.F. = 20%. Die LP-Verschleißspuren weisen eine deutliche Schwärzung auf, mit Ausnahme einer blanken Stelle in der Verschleißspurmitte. Die Terminals zeigen genau in der Verschleißspurmitte ein Gegenstück zur blanken Stelle auf der LP.

4.3.6 Einfluss der Atmosphäre

Um den Einfluss des Luftsauerstoffs auf die Lebensdauer zu untersuchen, wurden einige Tribometerversuche unter einer Stickstoffatmosphäre durchgeführt. Hierfür wurde der Stickstoff wahlweise angefeuchtet und direkt in den Tribokontakt geleitet. Die Messergebnisse in Abbildung 4.47 (oben) zeigen, dass sich der Übergangswiderstand nicht erhöht und somit lässt sich folgern, dass die Nickeloxidation für den elektrischen Ausfall verantwortlich sein muss. Da bedingt durch die fehlende Oxidation kein elektrisches Abbruchkriterium zur Verfügung steht, wurden die Versuche nach bestimmten Zyklen abgebrochen. Anschließend wurden die Verschleißspuren anhand des Lichtmikroskops beurteilt. Das schon nach 100 Zyklen freigelegte Nickel weist hierbei nicht die bisher beobachtete typische schwarze Färbung des Nickeloxids auf, sondern einen silbernen Nickelglanz. Nach 5.000 Zyklen ist die Terminalnickelschicht sogar durchgerieben und das Cu-Substrat tritt hervor. Dies ist wahrscheinlich auf ein große Verschleißrate durch ein extrem adhäsives Verschleißverhalten zurückzuführen, da diese Versuche mit trockenem Stickstoff durchgeführt wurden.

Da die typische Schwärzung der Kontaktestelle auf oxidierte Nickelaufplattierungen zurückzuführen ist, wurden Versuche unter Luftatmosphäre bis zum Erreichen des elektrischen Ausfallkriteriums gefahren. Anschließend wurde der Piezoaktuator angehalten und die Tribometerkammer mit angefeuchtetem Stickstoff (r.F. $\approx 50 - 60\%$) geflutet. Danach wurde der Piezo mit der Intention wieder gestartet, die schwarzen oxidierten Partikelaufplattierung durch den Verschleiß wieder zu entfernen. Durch die nun vorhandene Stickstoffatmosphäre konnte davon ausgegangen werden, dass sich kein neues Nickeloxid bildet. Wie in Abbildung 4.48 zu sehen, sank der Übergangswiderstand dieser Versuche wieder ab, allerdings nicht mehr auf den Initialzustand.

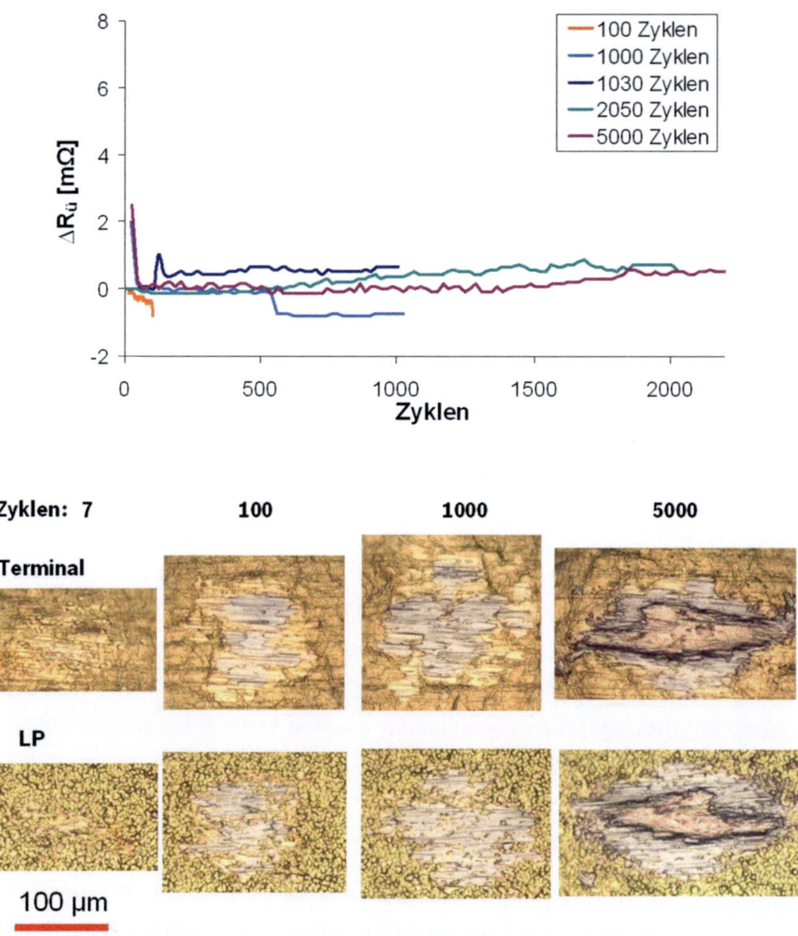

Abbildung 4.47: Stickstoffversuche: R$_{ü}$-Verlauf (oben) und Lichtmikroskopaufnahmen der LP- und Terminalverschleißspuren (unten).

Bei Betrachtung der Verschleißspuren im Lichtmikroskop zeigten sich weiterhin schwarze Aufplattierungen. Allerdings sind auch hellere Nickelstellen erkennbar, die durchaus mit den Verschleißspuren in Abbildung 4.47 vergleichbar sind.

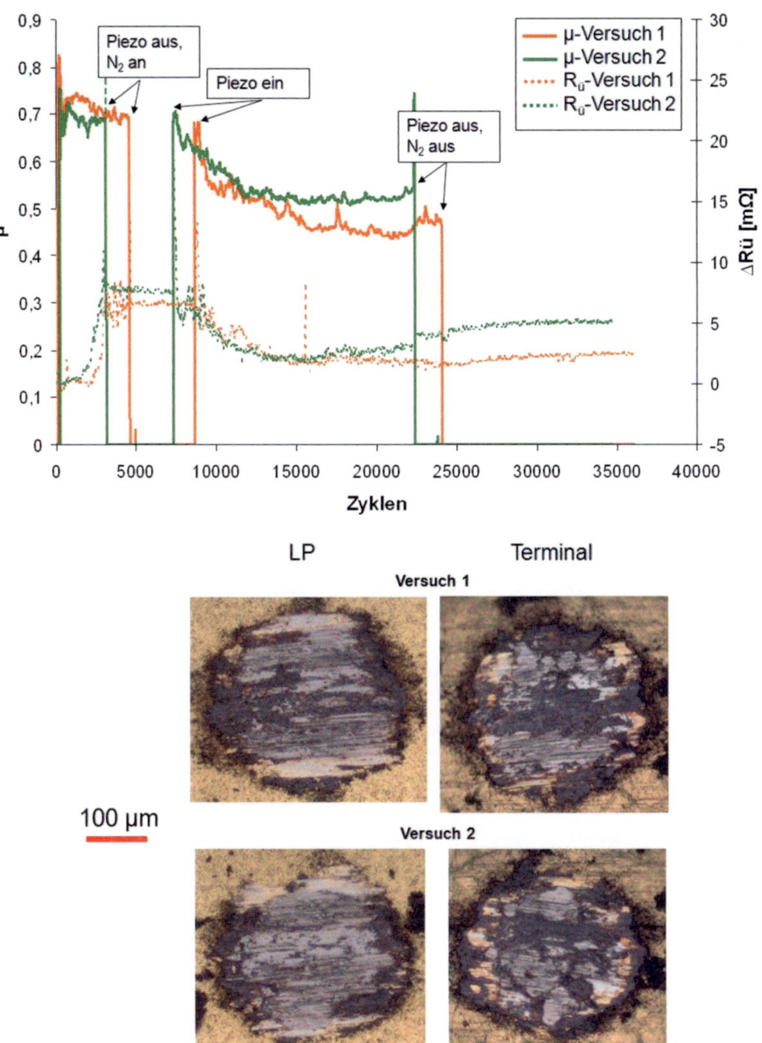

Abbildung 4.48: Schwingverschleißversuch unter Luft bis zum EoL, Weiterführung des Versuchs unter Stickstoff. Reibwert- und $R_ü$-Verlauf (oben), Lichtmikroskopaufnahmen der Terminal- und LP-Verschleißspuren (unten).

Um die Oxidschichtdicken der natürlichen Ni-Passivschicht bestimmen zu können, wurde ein unter Stickstoffatmosphäre (r.F.$\rightarrow$ 0%) durchgeführter Schwingverschleißversuch nach 2.000 Zyklen abgebrochen, in der Annahme, dass die Goldschichten zu diesem Zeitpunkt verschlissen sind. Die Proben konnten somit erst nach dem Versuch oxidieren, so dass sich eine natürliche Nickelpassivschicht ausbilden sollte. Die LP dieses Versuchs wurde mit der AES untersucht, um die Dicke der natürlich entstehende Nickeloxidschicht abschätzen zu können. Die Messungen in Abbildung 4.49 zeigen, dass schon nach ca. 3 nm kaum mehr Sauerstoff in der Verschleißspur nachgewiesen werden konnte. Um nachzuweisen, dass die Goldschicht größtenteils verschlissen war und die Nickelschicht tatsächlich freigelegt wurde, wurden auch Ni- und Au-Maps angefertigt. Diese bestätigten den Goldverschleiß und somit die Nickelfreilegung.

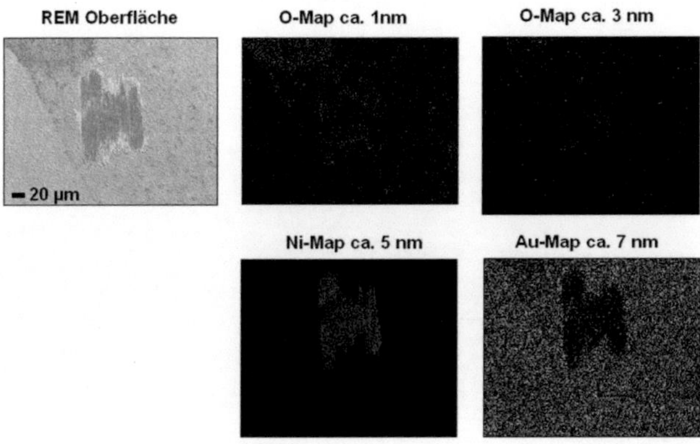

Abbildung 4.49: REM SE-Aufnahme (oben links) sowie AES-Element-Maps (O$-$, Ni- und Au-Maps) einer LP-Verschleißspur (Stickstoffversuch, Δx $=$ 38 µm) nach unterschiedlichen Sputtertiefen.

4.4 Elektrische Eigenschaften des Tribosystems

Um die absoluten initialen Übergangswiderstände des Tribosystems beurteilen zu können, wurden die Terminals gegen die LP im $R_\ddot{u}$-Messplatz (siehe Kapitel 3.1.2) vermessen. In Abbildung 4.50 ist der Übergangswiderstand über der Kontaktnormalkraft aufgetragen. Untersucht wurde die eingesetzte Paarung LP ENIG gegen Terminal AuCo. Zusätzlich wurden Terminals und LP ohne Goldschicht untersucht, um die elektrischen Eigenschaften der Nickel, bzw. Nickeloxidschicht zu beurteilen. Die goldbeschichteten LP und Terminals zeigen bei doppeltlogarithmischer Auftragung des Übergangswiderstands über der Normalkraft ein lineares Verhalten. Der in dieser Arbeit verwendete Arbeitspunkt von $F_N = 1\,N$ weist für Au vs. AuCo einen Übergangswiderstand von $2 - 3\,m\Omega$ auf. Bei der maximal untersuchten Beanspruchung mit $F_N = 4,6\,N$ sinkt der Übergangswiderstand unter einen Wert von $1\,m\Omega$. Die Untersuchung der Paarung LP-NiP vs. Terminal-AuCo liefert erst für Normalkräfte über $F_N = 1\,N$ Widerstandswerte im Messbereich ($200\,m\Omega$), die auch für $F_N = 4,6\,N$ über $10\,m\Omega$ liegen. Auch die Versuche Au vs. Ni zeigen einen erhöhten Übergangswiderstand von ca. $9\,m\Omega$ bei $F_N = 1\,N$. Dabei gilt zu beachten, dass diese Messungen statisch durchgeführt wurden, da es sich ausschließlich um ein senkrechtes Anfahren des Terminals auf die LP handelt.

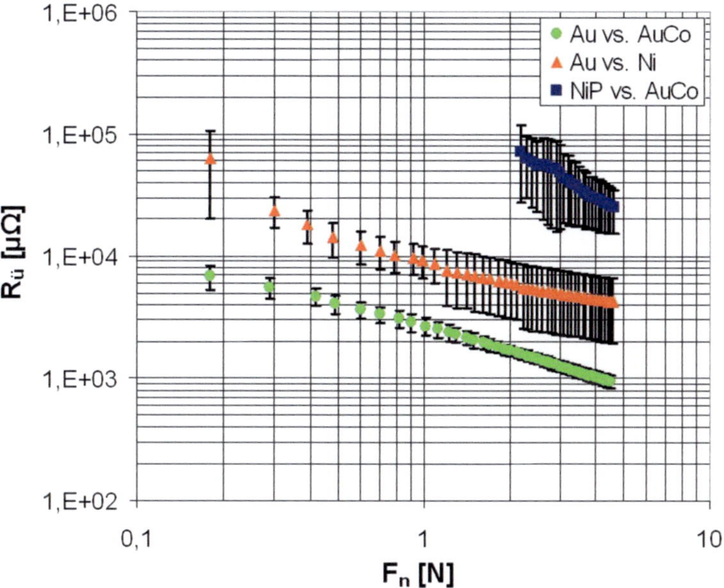

Abbildung 4.50: Messung des Übergangswiderstands am R$_ü$-Messplatz, Paarung LP vs. Terminal (mit zusätzlichen Daten aus [50]).

5 Diskussion

Im vorherigen Kapitel wurden die Ergebnisse der Versuche dargelegt. Im nun folgenden Kapitel werden die erhaltenen Ergebnisse in den tribologischen Kontext eingeordnet.

5.1 Lokales Verschleißmodell

Einen elementaren Einfluss auf das lokale Verschleißmodell übt die Schwingweite aus. Wie sich in Kapitel 4.3.1 gezeigt hat, ändert sich bei einer Schwingweite von $\Delta x \approx 10\,\mu m$ sowohl das Verschleiß-, als auch das Reibverhalten. Aufgrund dessen wird das lokale Verschleißmodell in zwei Schwingweitenbereiche aufgeteilt.

5.1.1 Schwingweiteneinfluss $\Delta x > 10\,\mu m$

Das lokale Verschleißmodell soll den zum elektrischen Ausfall führenden Verschleiß anschaulich beschreiben und die während des Verschleißfortschritts wirkenden Hauptverschleißmechanismen aufzeigen. Dafür wurden vor allem die Abbruchversuche aus Kapitel 4.3.1 herangezogen. Die beschriebenen Verschleißmechanismen sind zum besseren Verständnis in einer Skizze der Asperitenkontakte in zeitlicher Abfolge in Abbildung 5.1 dargestellt. Die analytischen Untersuchungen aus Kapitel 4 werden dabei zur Erläuterung des Modells herangezogen.

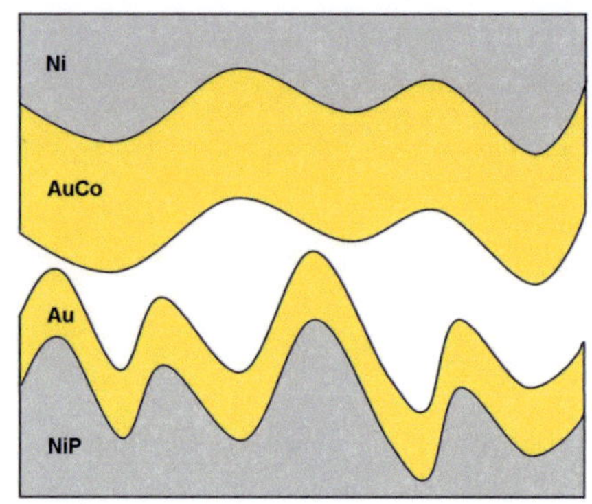

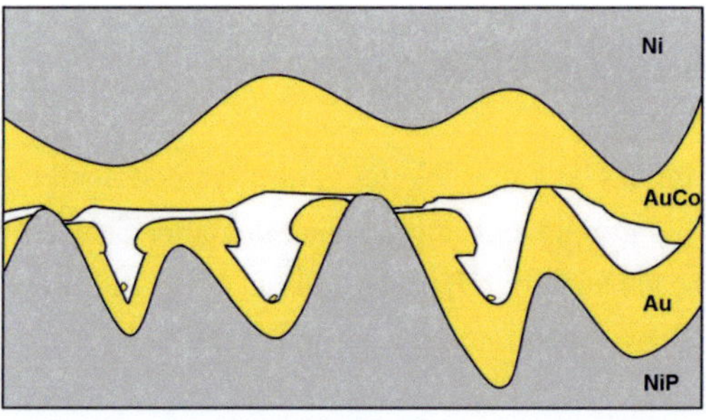

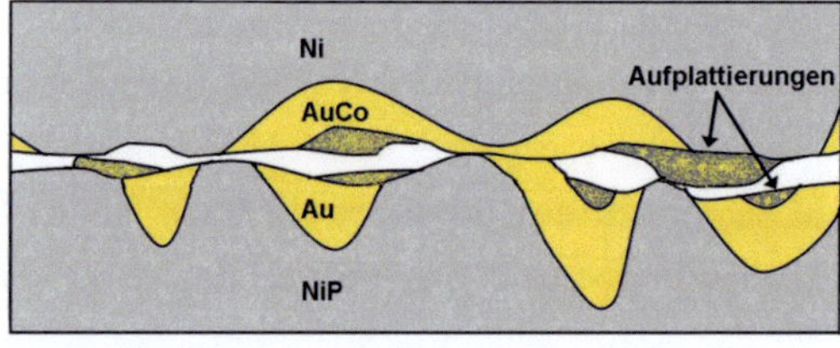

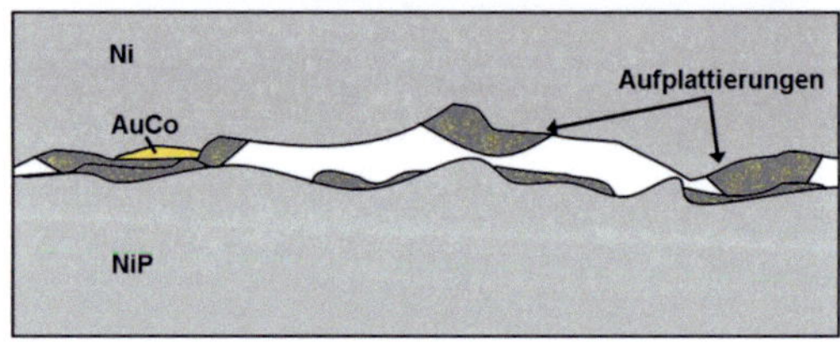

Abbildung 5.1: Skizze der Verschleißmechanismen an einem Asperitenmodell.

Wird das Tribosystem in einem Schwingverschleißversuch mit großen Schwingweiten ($\Delta x > 10\mu m$) beansprucht, so ergibt sich das im Folgenden beschriebene lokale Verschleißbild, welches in drei Stufen gegliedert werden kann. Die einzelnen Stufen des lokalen Verschleißmodells können allerdings gegeneinander nicht scharf abgegrenzt werden und überlappen sich daher.

1. *Goldverschleiß durch Pflügen, Materialübertrag, Bildung von Goldverschleißpartikeln:* Die goldbeschichteten NiP-Knospen der LP pflügen in den ersten 100 Zyklen die Hartgoldschicht des Terminals. Der Furchenradius auf dem Terminal entspricht dabei etwa dem NiP-Knospenradius der LP. Die durch den Prägevorgang bedingte Rissstruktur des Terminals wird in der Terminalverschleißspur komplett mit Gold „zugeschmiert". Die in Abbildung 4.13 gezeigten REM-Aufnahmen der Verschleißspur der LP zeigen, wie im Kontakt das LP-Gold teilweise von den NiP-Knospen in die Rauheitstäler verdrängt wird. Eine REM-Aufnahme in Abbildung 5.2 zeigt im Detail, wie das Gold um die NiP-Knospen verteilt wird. Beim Verdrängen des weichen Feingoldes in die Rauheitstäler der LP werden auch reine Goldverschleißpartikel (siehe Abbildung 4.42) gebildet. Gold, bzw. AuCo kann während dieser Prozesse auf die Oberfläche des gegenüberliegenden Versuchskörpers, über direkten adhäsiven Verschleiß oder über das Wiederintegrieren von Goldverschleißpartikeln in die Oberfläche, übertragen werden. EDX-Messungen in Abbildung 4.42 (Vergleich Spektrum 4 mit Spektrum 2) zeigen, dass auf der LP durch Aufwurf der LP-Goldschicht und/oder Übertrag von Terminalhartgold dickere Goldschichten zu finden sind als die ursprünglich abgeschiedene Goldschichtdicke. Ein direkter Nachweis des Goldübertrags konnte allerdings nicht erbracht werden, da das Kobalt der Terminalhartgoldschicht (ca. 1 Atom-%) als potentieller chemischer Marker unter der Nachweisgrenze der AES von ca. 2,5 Atom-% für Kobalt liegt.

2. *Nickelfreilegung, Au- und NiO-Verschleißpartikel, Partikelauswürfe, erste Partikelaufplattierungen:* Steht auf einem der beiden Körper kein Gold mehr auf den Nickelasperiten zur Verfügung, so sorgt die dem Gold in der Härte überlegene Nickelschicht des Terminals und die NiP-Schicht der LP für den weiteren Verschleiß. Durch die weiche und vor allem sehr dünne Goldschicht der LP liegt es nahe, dass zuerst die NiP-Knospen der LP freigelegt werden. Abbildung 5.2 zeigt, wie die NiP-Knospen verschleißen bis sie sich durch den kontinuierlichen Abtrag vereinigen.

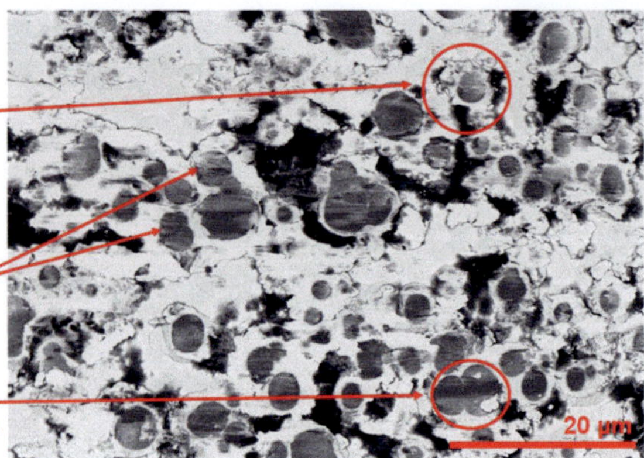

Abbildung 5.2: REM-Aufnahmen (BSE) der LP ($R_z = 2,17$ µm) nach 300 Zyklen.

Die Freilegung der NiP-Knospen ist wahrscheinlich auch mit der Oxidation der NiP-Kuppen verbunden. Erst wenn durch die Furchung der Terminalgoldschicht diese auch durchgerieben ist, ergeben sich Ni/NiP-Asperitenkontakte. So entstehen neben Goldverschleißpartikeln auch Nickelverschleißpartikel, die im Kontakt mechanisch vermischt werden und die wieder auf beide Oberflächen aufplattiert werden können (Abbildung 4.20, Abbildung 4.17). Dies erklärt den durch TEM-EDX nachgewiesenen Goldanteil der Partikelaufplattierungen (siehe Abbildung 4.17 und 4.22). Diese tribologisch beanspruchte Randschicht der Partikelaufplattierungen wird auch als 3. Körper bezeichnet.

3. *Ni/NiP-Verschleiß, starke Bildung von NiO-Verschleißpartikeln, erhöhter Partikelauswurf, dicke NiO-Aufplattierungen:* Das gemessene Verschleißvolumen der LP (siehe Abbildung 4.12) und der Schliff der LP-Verschleißspur in Abbildung 4.15 zeigen, dass bei einem Ni/NiP-Kontakt auch die härtere NiP-Schicht verschlissen werden kann. Dies ist wahrscheinlich auf größtenteils auf das Nickeloxid zurückzuführen, welches eine ca. 5-fach größere Härte als metallisches Nickel aufweist [120]. Das beobachtete Abtragen der NiP-Kuppen geht einher mit dem Absinken der Verschleißrate der LP und führt zu den im Lichtmikroskop beobachteten sehr glatten Stellen in der Mitte der LP-Verschleißspur (siehe Abbildung 4.33) bei großen Zyklenzahlen. Die chemische Analyse der Partikelaufplattierungen mit der AES bestätigt, dass die Nickelpartikel oxidiert sind und, wie bei vergleichbaren Untersuchungen

[89], mit großer Wahrscheinlichkeit als NiO vorliegen. Die Verschleißpartikel werden auf das Terminal als große Plättchen auf die Oberfläche aufgetragen. Diese Plättchen verteilen sich dabei gleichmäßig über die Terminalverschleißspur. Auf der LP befinden sich die dicken (teilweise $> 1\,\mu m$) Aufplattierungen nur in der Nähe der Verschleißspurrandzone, da durch die schwingende Beanspruchung der Partikeltransportmechanismus zu den Seiten hin ausgerichtet ist. Dies zeigt sich auch an den Verschleißpartikelauswürfen an den Rändern der Verschleißspur in Reibrichtung. Somit kann gezeigt werden, dass in Folge der mechanischen Vermischung der Verschleißpartikel im Kontakt die Aufplattierungen aus Anteilen von Gold- und Nickeloxidverschleißpartikeln bestehen. Zum Zeitpunkt des EoL wurden deutlich mehr Nickelverschleißpartikel als Goldverschleißpartikel generiert. Somit weisen die Aufplattierungen nur einen geringen Goldanteil auf. TEM-Aufnahmen beweisen, dass sich in den Aufplattierungen eine gleichmäßige Korngröße von $5 - 25\,nm$ einstellt. Die Korngröße der nanokristallinen Aufplattierungen sind somit um eine Größenordnung kleiner als die in Kapitel 4.1 ermittelten initialen Korndurchmesser der Terminalnickelschicht. Der initiale Goldkristalldurchmesser hingegen wurde ebenfalls zu etwa $25\,nm$ bestimmt. Da die Goldschichten auf der LP und des Terminals nicht gleichmäßig verschlissen werden, sondern bevorzugt in der Verschleißspurmitte, können auch Nickelverschleißpartikel, bzw. eine Durchmischung von Gold- und Nickeloxidpartikeln auf noch bestehende Goldbeschichtungen vor allem am Verschleißspurrand aufplattiert werden (siehe Abbildung 4.22).

Sind die Goldschichten teilweise durchgerieben, wird der Reibwert hauptsächlich aus dem Nickel-Nickelphosphor-Asperitenkontakten, bzw. den ungleichmäßigen Partikelaufplattierungen und deren Scherwiderständen bestimmt. Der Reibwert des Tribosystems steigt dann, wie in Abbildung 4.10 zu sehen, kontinuierlich auf ein Plateau von etwa $\mu \approx 0,6 - 0,7$ an. SAKA *et al.* [100] stellten ebenfalls einen „steady state value" für Nickel von $\mu = 0,6$ fest. Ist das Reibwertplateau erreicht, gibt es oxidierte Ni/NiP-Kontakte und somit ist die Voraussetzung für den elektrischen Ausfall des Tribosystems geschaffen. Allerdings sind zu Anfang des Erreichens des Reibwertplateaus immer noch ausreichend Goldasperitenkontakte vorhanden, um einen niedrigen Übergangswiderstand zu garantieren, obwohl der Reibwert schon durch die Nickelasperitenkontakte dominiert wird. Unterschreiten die noch vorhanden goldenen, bzw. gut leitfähigen a-spots einen kritischen Wert, so kommt es zum Anstieg des Übergangswiderstands und letzten Endes zum Ausfall des elektrischen Kontaktes.

Die beobachteten Verschleißmechanismen decken sich größtenteils mit den in Kapitel 2.3.3.1 beschriebenen Verschleißmechanismen aus der Literatur. Das heißt, dass Materialüberträge im Wesentlichen dafür verantwortlich sind, dass im Tribosystem die Gesamtgoldschichtdicke eine große Rolle spielt. Wenig bekannt durch die Literatur ist, dass bei der hier untersuchten Paarung Terminal AuCo0,3 vs. LP ENIG die NiP-Schicht der LP eine signifikante Auswirkung auf die stattfindenden Verschleißmechanismen hat. Die Bildung von Verschleißpartikeln sowie die Wiederaufplattierung wurde ebenfalls schon in der Literatur beschrieben. Allerdings konnte bisher im Detail nicht gezeigt werden, wie sich die Partikelaufplattierungen bilden und welchen Einfluss eine mechanische Durchmischung auf die Zusammensetzung dieser Schichten und somit auf die Lebensdauer des Tribosystems hat.

Dieses hier aufgestellte Modell ist das erste ausführlich diskutierte Modell für hartgoldbeschichtete Terminals im Kontakt mit einem ENIG-Schichtsystem und erfüllt für sich den Anspruch, die wirkenden Verschleißmechanismen darzustellen. Ausgehend von diesem Wissen können Schritte eingeleitet werden, um eine Optimierung des Systems bezüglich einer besseren Verschleißbeständigkeit vorzunehmen.

5.1.2 Schwingweiteneinfluss $\Delta x \leq 10\,\mu m$

Das oben beschriebene lokale Verschleißmodell bezieht sich vor allem auf große Schwingweiten. Das lokale Verschleißmodell bei kleinen Schwingweiten ($\Delta x \leq 10\,\mu m$) soll hier beschrieben werden. Der anfängliche Verschleißmechanismus des Furchens der Terminalhartgoldoberfläche durch die NiP-Knospen der LP ist bei kleiner Schwingweite zu vernachlässigen. Erst bei größeren Schwingweiten ($\Delta x > 10\,\mu m$) ist das Furchen des Terminals eine signifikante Größe mit Einfluss auf die Lebensdauer des Tribosystems. Der Partikeltransportmechanismus ist durch die geringe Schwingweite sehr eingeschränkt, so dass abgescherte Partikel mit einer großen Wahrscheinlichkeit lokal wieder aufplattiert werden (vergleiche Abbildung 5.3). Dadurch ergibt sich das in Abbildung 4.23 zu sehende, mit sinkender Schwingweite, immer homogenere Verschleißbild auf der LP und dem Terminal. TEM-Aufnahmen dieser Verschleißspuren (siehe Abbildung 4.24) bestätigen, dass sowohl auf LP-, als auch auf Terminalseite eine gleichmäßig dicke Schicht von aufplattierten Partikeln aufgetragen wird. Die Schichtdicke der Aufplattierung kann anhand der TEM-Aufnahmen auf ca. $0,5\,\mu m$ zum Zeitpunkt des manuellen Abbruchs abgeschätzt werden. Die Goldschichten sind dabei vollständig verschlissen und von der initialen Nickelschichtdicke des Terminals $(2,2\,\mu m)$ sind noch ca. $1,7\,\mu m$ Ni vorhanden. Die Dicke der Aufplattierung entspricht somit in etwa dem verschlissenen Ni-Volumen des Terminals. Da bei kleinen Schwingweiten auch weiterhin Partikel aus der Verschleißspur herausgetragen werden, entspricht das aufplattierte Volumen nicht dem insgesamt verschlissenen Volumen. Die lamellenartige Struktur der Aufplattierung zeigt abwechselnd Gold- und Nickeloxidpartikel (siehe Abbildung 4.24 und 4.25). Dies zeugt von einer mechanischen Vermischung der Partikel, die auch schon modellhaft von Sasada *et al.* [101] für andere Tribosysteme beschrieben wurde. Die Gold- und Nickelkristalle der Aufplattierung bei kleinen Schwingweiten besitzen daher eine eher flache Form. Dies spricht für eine große plastische Verformung der Partikel in der Kontaktzone.

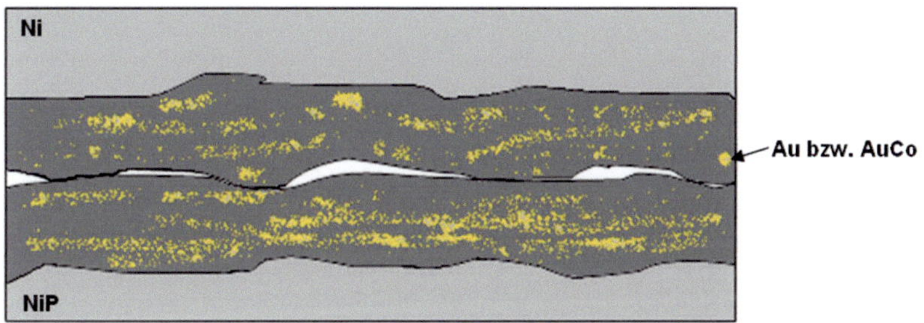

Abbildung 5.3: Skizze der Verschleißmechanismen bei kleinen Schwingweiten.

Obwohl teilweise auf der Verschleißspuroberfläche Kantenverläufe zu sehen sind die an Risse erinnern (siehe Abbildung 4.23 unten), sind keine Anzeichen von Ermüdungsverschleiß mit Rissbildung, bzw. Delamination zu beobachten. Die beobachteten Strukturen ergeben sich vielmehr aus dem Aufplattierungs- und Vermischungsprozess der Verschleißpartikel.

Wie Abbildung 4.10 unten zeigt, sinkt der Reibwert bei kleinen Schwingweiten immer weiter ab. Dies könnte unter anderem auf die Einglättung der Verschleißspur und den sich gleichmäßig ausbildenden 3. Körper zurückzuführen sein.

5.1.3 Einfluss der Gleitgeschwindigkeit

Durch die Veränderung der Schwingweite wird bei gleichbleibender Tribometerfrequenz auch die maximale Gleitgeschwindigkeit geändert. Im untersuchten Rahmen wurde allerdings kein Einfluss der Gleitgeschwindigkeit auf Lebensdauer, Reibwert oder Verschleiß festgestellt (siehe Kapitel 4.3.3). Eine Schwingweitenänderung führt zu einem unterschiedlichen Eingriffsverhältnis von Terminal und LP. Während sich bei kleinen Schwingweiten die Hertz'schen Kontaktflächen an den Umkehrpunkten überschneiden und somit definitionsgemäß ein Schwingverschleiß vorliegt, kommt es bei größeren Schwingweiten zur vollständigen Trennung der Hertz'schen Kontaktflächen und somit zum Übergang in den reversierenden Gleitverschleiß. Die durch den Verschleiß freigelegten Nickeloberflächen werden also nicht mehr ständig vom Terminal überdeckt und, wie oft in der Literatur angeführt (siehe Kapitel 2.3.5.2), könnten sie somit schneller oxidieren. Da aber davon ausgegangen wird, dass die Nickelschichten sehr schnell Oxidmonolagen bilden [2] und die bei PINNEL *et al.* [93] angeführte limitierende Nickelpassivschichtdicke nicht überschritten wird, wird bei den untersuchten Schwingweiten und Frequenzen mit keinen Einfluss gerechnet. Auch die mit der AES nachgewiesene Oxidation der aufplattierten Nickelpartikel bei allen untersuchten Schwingweiten, spricht dafür, dass die Partikel auch im Kontakt sofort oxidieren und keineswegs mit einem gasdichten Kontakt gerechnet werden kann.

Dieses Tribosystem grenzt sich sehr deutlich von den in Kapitel 2.3.5.2 hauptsächlich beschriebenen Tribosystemen ohne Nickelzwischenschicht ab, die einen Frequenzeinfluss aufweisen. Die passivierende Eigenschaft der Mattnickelzwischenschicht führt somit in den untersuchten Modellgrenzen zu einer Frequenzunabhängigkeit der Lebensdauer bei Betrachtung der Schwingzyklen.

5.1.4 Rauheitseinfluss

Durch Versuche mit unterschiedlichen LP-Rauheiten kann auch dieser Einfluss in das lokale Verschleißmodell mit aufgenommen werden. Hierbei muss allerdings erwähnt werden, dass die in das lokale Verschleißmodell eingehende Größe der NiP-Knospen nicht allein die Rauheit der LP bestimmt. Neben den NiP-Knospen liefert unter anderem auch die Behandlung des LP-Kupfers einen entscheidenden Anteil zur LP-Rauheit. Bei den hier verwendeten LP erzielte eine Cu-Ätzbehandlung eine entsprechende Rauheit. Die sich ausbildenden NiP-Knospen weisen eine eigene Rauheit auf. Wird also eine NiP-Schicht auf das LP-Kupfer abgeschieden, so werden die Cu-Rauheit sowie die NiP-Rauheit superponiert und ergeben zusammen die LP-Rauheit. Bei identischer Kupferbehandlung ist allerdings die Größe der NiP-Knospen alleine für die Veränderung der Rauheit verantwortlich.

Die untersuchten kleineren NiP-Knospen bei kleiner LP-Rauheit furchen das Terminal nur geringfügig mit kleiner Furchenbreite und -tiefe. Wie in Abbildung 4.41 zu sehen, sind bei großen NiP-Knospen und großer LP-Rauheit die Furchen im Terminalgold tiefer und breiter. Dadurch wird das Terminal stärker geschädigt, so dass vor allem bei großen Schwingweiten Tribosysteme mit größeren NiP-Knospen eine kleinere Lebensdauer aufweisen.

Bei kleinen LP-Rauheiten ist außerdem ein Absinken des Reibwertniveaus zu beobachten (siehe Abbildung 4.38). Dies kann durch den nur noch sehr geringen Pflügenanteil erklärt werden, da mit kleinerer Rauheit auch die NiP-Asperiten kleiner werden. Laut BOWDEN und TABOR [25] setzt sich der Reibwert aus einem Scheranteil sowie einem Anteil des Pflügens zusammen.

$$\mu = \tau\, A_{\mathrm{c}} + A_{\mathrm{cs}}\, p' \tag{5.1}$$

Der Scheranteil wird durch den Scherwiderstand des Kontaktes τ sowie der realen Kontaktfläche A_{c} berechnet. Der Anteil des Pflügens am Reibwert μ lässt sich aus den oberflächennahen mechanischen Eigenschaften p' und dem Querschnitt A_{cs} der pflügenden NiP-Knospen berechnen. Da A_{cs} direkt mit der LP-Rauheit verknüpft ist und bei kleinerer LP-Rauheit, bzw. kleineren NiP-Knospen, ebenfalls kleiner wird, ergeben sich niedrigere Reibwerte des Tribosystems. Untersuchungen des Pflügens von harten konischen Asperiten in weichen Metalloberflächen von HISAKADO [60] zeigten ebenfalls, dass sowohl die Reibung, als auch das Verschleißvolumen des weichen Metalls mit der steigenden Rauheit der harten Aspertien zunahm.

Die in dieser Arbeit untersuchten LP weisen bei großer LP-Rauheit auch immer große NiP-Knospen auf, so dass über den Fall einer großen LP-Rauheit mit kleinen NiP-Knospen keine Aussagen getroffen werden können. Allerdings wäre hierfür zum Beispiel bei der Cu-Behandlung eine sehr große Ätzrate notwendig, um eine entsprechend große LP-Rauheit bei kleinen NiP-Knospen zu erreichen. Dieser Fall erscheint bei der LP-Herstellung nicht zielführend, so dass der weitgehend plausiblere Fall im Modell abgebildet ist.

5.1.5 Wechselwirkung Schwingweite & Rauheit

Die Lebensdauer des Tribosystems unterliegt, wie in der Lebensdauerkurve in Abbildung 4.36 zu sehen, einer Wechselwirkung der LP-Rauheit mit der Schwingweite. Diese Wechselwirkung soll ebenfalls in das lokale Verschleißmodell integriert werden. Bei großer Schwingweite pflügen die NiP-Knospen die Terminaloberfläche. Je kleiner allerdings die Schwingweite ist, desto geringer ist die Furchung des Terminals.

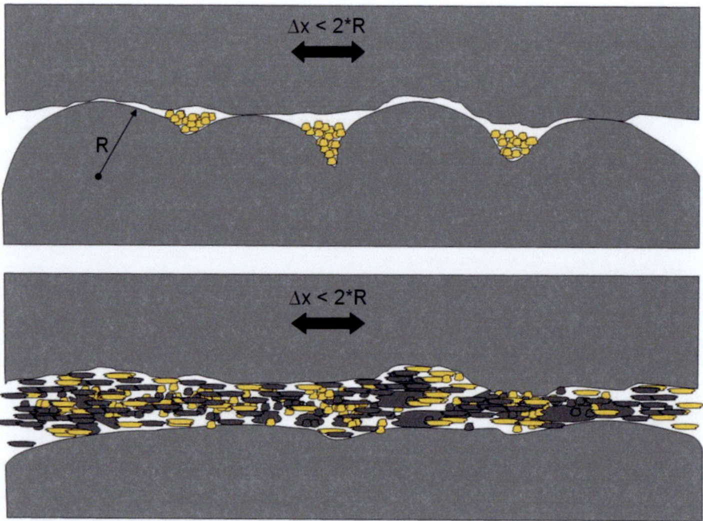

Abbildung 5.4: Skizze des Partikeltransports bei $\Delta x \leq 10\,\mu m$.

Bei Schwingweiten $\Delta x \leq 10\,\mu m$ also ungefähr $\Delta x \leq 2 * R_{NiP-Knospe}$ ergeben sich bei Tribosystemen mit unterschiedlichen LP-Rauheiten die gleichen Lebensdauern. Bei sehr kleinen Schwingweiten indentieren die NiP-Knospen nur noch die Terminaloberfläche. Zudem ist der Partikeltransport zu den Auswurfseiten bei kleinen Schwingweiten sehr eingeschränkt, so dass entstehende Goldverschleißpartikel mit großer Wahrscheinlichkeit lokal wieder aufplattiert werden und nur langsam aus der Kontaktestelle gebracht werden (siehe Abbildung 5.4).

Bei einer Schwingweite $\Delta x \geq 10\,\mu m$ können die Verschleißpartikel, wie in Abbildung 5.5 dargestellt, effektiver auch über die NiP-Knospen aus dem Kontakt transportiert werden. Aufgrund dessen können Goldverschleißpartikel schneller den Kontakt verlassen und die Lebensdauer sinkt.

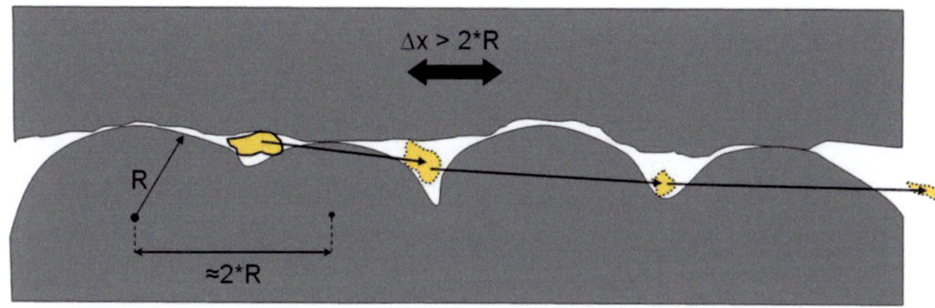

Abbildung 5.5: Skizze des Partikeltransports bei $\Delta x \geq 10\,\mu m$.

Vor allem bei großen Schwingweiten finden sich die dicksten Partikelaufplattierungen auf der LP in den äußeren Bereichen der Verschleißspur. Mangels Kontakt zum Terminal aufgrund der sphärischen Geometrie, ist somit gerade im Verschleißspurrandbereich der Transportmechanismus wieder etwas eingeschränkt und es können sich mehr Partikel ansammeln.

5.1.6 Goldschichtdickeneinfluss des Terminals

Bei Betrachtung des lokalen Verschleißmodells erschließt sich, dass die dünne und sehr weiche Goldschicht auf der LP nur dazu dient, die Nickeloxidation zu verhindern. Die Verlängerung der Lebensdauer durch Terminals mit dickeren Hartgoldschichten (siehe Abbildung 4.30) zeigt, dass die LP-Goldschicht entweder durch Goldübertrag vom Terminal weiter mit Gold versorgt wird oder aber, dass das vorhandene Hartgold des Terminals die Feingoldschicht der LP nicht schädigt. Unter Beachtung der bisher veröffentlichten Untersuchungen zu Goldmaterialüberträgen in Kapitel 2.3.3.1 ist es allerdings wahrscheinlich, dass kontinuierlich Gold vom Terminal auf die LP übertragen wird.

Die Lichtmikroskopaufnahmen in Abbildung 4.33 bestätigen, dass mit fortschreitender Zyklenzahl und größerer Terminalgoldschichtdicke sowohl das Terminal, als auch die LP länger eine geschlossene Goldschicht aufweisen. Erst durch den Goldverschleiß und die damit verbundene Nickelfreilegung, kann das Nickel oxidieren und das Tribosystem elektrisch ausfallen. Die Reibwerte der Tribosysteme mit den untersuchten Terminalhartgoldschichtdicken unterscheiden sich dabei nur unwesentlich (siehe Abbildung 4.31).

Diese Untersuchungen bestätigen die bisher aus der Literatur (siehe Kapitel 2.3.5.3) bekannten Ergebnisse, nämlich dass eine größere Goldschichtdicke zu größeren Lebensdauern führt.

5.1.7 Einfluss der Luftfeuchte

Das phänomenologische Verschleißbild bei Versuchen mit unterschiedlichen relativen Luftfeuchten zeigt bei 80% ein deutliche Veränderung gegenüber den Versuchen bei 20% und 50% (siehe Abbildung 4.46). Da die relativen Luftfeuchten von 20% und 50% ähnliche Verschleißbilder liefern, liegt es nahe, dass zwischen 50% und 80% eine Änderung im Verschleißverhalten eintritt. Allerdings ist festzustellen, dass eine Erhöhung der relativen Luftfeuchte von 20% auf 50% auch zu einer Verlängerung der Lebensdauer führt (vergleiche Abbildung 4.43). Verschleißmessungen in Abbildung 4.45 zeigen zudem, dass die Verschleißraten des Terminals und der LP mit kleineren relativen Luftfeuchten ansteigen. Ein Mechanismus, der im Zusammenhang mit der relativen Luftfeuchte ins Spiel kommt, ist eine Belegung der Goldoberflächen mit Wasser und eine dadurch induzierte Reduktion der Reibung und des Verschleißes. Die in den Versuchen eingestellten Partialdrücke liegen allerdings unterhalb des Sättigungsdampfdruck, weshalb eigentlich nicht mit einer Kondensation von Wasser auf den Goldoberflächen zu rechnen ist. Da aber die einzelnen Asperitenkontakte eine Kapillare darstellen, ist es durch die Kapillarkondensation möglich, dass auch unter dem Sättigungsdampfdruck p_{sat} Wasser in den Kapillaren kondensieren kann. Um die Asperitenkontakte kann sich somit ein Wassermeniskus bilden. Die Kapillarkondensation wird durch die Kelvingleichung beschrieben [104]:

$$ln\left[\frac{p_{\mathrm{v}}}{p_{\mathrm{sat}}}\right] = \frac{\gamma\,V_{\mathrm{m}}}{r\,R\,T} \tag{5.2}$$

Hierbei beschreibt $\frac{p_v}{p_{sat}}$ das Verhältnis des Partialdrucks zum Sättigungsdampfdruck und damit die relative Luftfeuchte. γ ist die Oberflächenspannung zwischen Fluid und Gas, V_m das molare Volumen der Flüssigkeit, R die ideale Gaskonstante, T die Temperatur und $1/r$ die Krümmung des Meniskus. Ändert sich im Tribosystem die Temperatur, so ändert sich in Formel 5.2 in gleichem Maße auch der temperaturabhängige Sättigungs-dampfdruck, so dass die Temperatur bei der Kapillarkondensation keine Rolle spielt. Da die Temperaturunabhängigkeit auch in den Versuchen beobachtet wurde (Vergleiche Kapitel 4.3.5), könnte dies ein Hinweis auf den die Lebensdauer verlängernden Einfluss der Kapillarkondensation sein.

Durch das Absinken des Reibwertes bei hohen relativen Luftfeuchten (siehe Abbildung 4.44) ist laut Definition von einer „Schmierung" des Kontaktes mit Wasser auszugehen. Dies bestätigen auch die bei r.F. = 80% deutlich geringeren Verschleißraten des Termi-nals und der LP (siehe Abbildung 4.45). Allerdings wird zum Beispiel bei FREUND *et al.* [49] berichtet, dass auch auf (gesputterten) Goldoberflächen ein geschlossener Was-serfilm ohne Kondensation gefunden wurde. Mit einem Rastertunnelmikroskop wurden die Wasserfilmdicken bei unterschiedlichen relativen Luftfeuchten gemessen. Dabei stellte sich heraus, dass sich erst ab r.F. $\approx$ 55% geschlossene Wasserfilme auf der Goldoberfläche bilden. Für r.F. $\leq$ 50% konnten neben den vorliegenden Mono- oder Bi-Wasserschichten nur einzeln verteilte Tropfen auf der Oberfläche festgestellt werden. Diese versuchen ihre Oberfläche zur Atmosphäre zu verringern und kommen deshalb vor allem in Rauheitstä-lern vor. Die Tropfengröße nimmt mit zunehmender relativen Luftfeuchte zu, wobei die Tropfenhöhe konstant ca. 10 nm beträgt. Bei weiterem Ansteigen der relativen Luftfeuch-te auf r.F. $\approx$ 80% beträgt die Wasserfilmdicke ca. 60 nm. Diese geschlossenen Wasserfilme bei hoher Luftfeuchte könnten somit auch den geringeren Verschleiß und die damit zu-sammenhängende größere Lebensdauer des Tribosystems erklären. Das unterschiedliche Verschleißbild der LP und des Terminals bei verschiedenen relativen Luftfeuchten (siehe Abbildung 4.46), zeigt ebenfalls zwischen 50% und 80% relativer Luftfeuchte eine Än-derung, die im Zusammenhang mit den beschriebenen Wasserfilmdicken stehen könnte. Generell sind wahrscheinlich die niedrigeren Verschleißraten bei ansteigenden relativen Luftfeuchten für eine Verlängerung der Lebensdauer verantwortlich.

Bei geringeren Luftfeuchten und somit ohne geschlossenem Wasserfilm könnte die Kapil-larkondensation eine entscheidende Rolle übernehmen. Schon bei geringen Luftfeuchten kann sich um die Asperitenkontakte ein Wassermeniskus bilden und somit für eine Verlängerung der Lebensdauer verantwortlich sein. VAN ZWOL *et al.* [123, 124] konnten für Goldkontakte Kapillarbrücken von ca. 5 nm bestimmen und die Wasserfilmdicke einer freien Goldoberfläche auf ca. $1,5$ nm Dicke abschätzen. Dieser Wert steht in guter Übereinstimmung mit gemessenen Wasserfilmdicken auf Gold bei 22°C und 50% relativer Feuchte von MCCRACKIN *et al.* [84], die eine Dicke von ca. $0,4$ nm bestimmen konnten.

Der Kontaktwinkel von Wasser auf der LP-Goldoberfläche, der LP-NiP-Oberfläche, auf Hartgold beschichteten Blechstreifen sowie auf galvanisch Nickel beschichteten Blechsteifen, konnte in allen Fällen zu ca. 70° bestimmt werden. Die gemessenen Kontaktwinkel für Gold lassen sich auch durch in der Literatur berichtete Kontaktwinkel bestätigen [124]. Da sich die Kontaktwinkel von allen vier getesteten Materialien (Au, AuCo, Ni, NiP) nicht signifikant unterscheiden, ist auch keine Änderung des Benetzungsverhaltens der Kontaktoberflächen bei stattfindendem Golddurchrieb zu erwarten.

Die bisherigen Untersuchungen aus der Literatur in Kapitel 2.3.5.4 berichten übereinstimmend von einem Einfluss der relativen Luftfeuchte auf die Lebensdauer. Im hier diskutierten Fall wurden zwei Mechanismen, die Kapillarkondensation und die Bedeckung der Goldoberflächen mit einem Wasserfilm vorgestellt, die die kleine Verschleißrate und damit den positiven Einfluss einer großen relativen Luftfeuchte auf die Lebensdauer erklären können.

5.1.8 Elektrischer Ausfall

Der elektrische Ausfall des Tribosytems ist auf die Nickeloxidation in der Verschleißspur zurückzuführen. Schwingverschleißversuche unter Stickstoff haben gezeigt (siehe Kapitel 4.3.6), dass bei einer Verhinderung der Oxidation das Tribosystem nicht elektrisch ausfällt. Schwingverschleißversuche, die unter Luftatmosphäre elektrisch ausgefallen waren, wurden danach unter einer Stickstoffatmosphäre weiter beansprucht, worauf der Übergangswiderstand wieder sank. Zwar konnte nicht wieder der initiale Übergangswiderstand erreicht werden, doch konnten offensichtlich die Oxidschichten teilweise abgetragen und oxidierte Partikel aus dem Kontakt ausgeworfen werden, ohne dass sich neues Nickeloxid bilden konnte.

Es stellt sich nun die Frage, ob schon eine natürliche Nickelpassivschicht für den Anstieg des Übergangswiderstands verantwortlich ist oder aber, ob mehrere Lagen von oxidierten Nickelpartikeln einer Aufplattierung dafür verantwortlich sind.

Laut SAKA *et al.* [100] sind die im Kontakt vorhandenen oxidierten Verschleißpartikel und die dadurch vorhandene Trennung der Oberflächen, hauptsächlich für den erhöhten Übergangswiderstand verantwortlich. Schwingverschleißuntersuchungen von FOUVRY *et al.* [48] bestätigen, dass im Gross Slip Regime der elektrische Ausfall abhängig von der Zusammensetzung des 3. Körpers ist. Ist die Konzentration an Gold im Kontakt zu niedrig, steigt der Übergangswiderstand an. Die Lebensdauer ist somit abhängig von der Verschleißpartikelbildung, der Oxidation und den Auswurfprozessen.

Messungen von Nickeloberflächen auf dem $R_{\ddot{u}}$-Messplatz mit natürlichen Nickelpassivschichten (ohne Einbringung von Reibenergie) liefern allerdings im Vergleich zu den Goldoberflächen erhöhte Übergangswiderstände, so dass nicht von einem verlustfreien Durchtunneln der eigentlich dünnen Passivschicht der Nickeloberfläche ausgegangen werden kann. Die in der Literatur [93] beschriebene, bzw. mit der AES gemessene natürliche Nickeloxidschichtdicke von wenigen Nanometern ($1 - 2\,\mathrm{nm}$) für Temperaturen $< 150°\mathrm{C}$ müsste eigentlich die Größenordnung aufweisen, bei der die Möglichkeit des Tunnelns von Elektronen besteht (maximale Tunneldistanz ca. $2\,\mathrm{nm}$ [89]). Die Messungen aus Kapitel 4.4 sowie Messungen von PINNEL *et al.* [93] zeigen allerdings auch, dass dies nicht der Fall sein kann, da der Übergangswiderstand von oxidierten Nickeloberflächen gegenüber den mit Gold beschichteten Kontakten deutlich erhöht ist. Messungen der Passivschicht von galvanisch abgeschiedenem Nickel von NOEL *et al.* [89] zeigten Oxidschichtdicken von $2 - 5\,\mathrm{nm}$. GRAHAM *et al.* [53] beobachteten bei Raumtemperatur Nickeloxidschichtdicken von ca. $1\,\mathrm{nm}$. Untersuchungen der Oxidation von Nickeloberflächen mit AES und XPS von LAMBERS *et al.* [74] ergaben, dass die Nickeloxidation an der Atmosphäre zu einer konstanten NiO-Schichtdicke (ca. $0,8\,\mathrm{nm}$) auf dem Bulknickel führt. Daran angrenzend konnte allerdings auch eine Nickelhydroxidschicht $Ni(OH)_2$ [74, 89] nachgewiesen werden (Größenordnung $0,3\,\mathrm{nm}$), die in der Gegenwart von Wasser und Sauerstoff weiter anwachsen kann. Die Ausbildung der ersten NiO-Monolage durch Adsorption und Dissoziation der Sauerstoffmoleküle ist ein schneller Prozess, der stark abhängig von der Konzentration des zur Verfügung gestellten Sauerstoffs ist. Die Ausbildung mehrlagiger NiO-Schichten ist wiederum ein langsamer diffusionsgetriebener Prozess der bei 500 K etwa 30 Minuten dauert [2].

Eigene Untersuchungen sowie in diesem Kapitel diskutierte Untersuchungen aus der Literatur legen nahe, dass der elektrische Ausfall hauptsächlich durch den Partikel-bildungs- und Partikeltransportmechanismus mit einhergehender Nickeloxidation beeinflusst wird. Allerdings weisen Übergangswiderstandsuntersuchungen ohne Relativbewegung von oxidierten Nickelkontakten auch darauf hin, dass prinzipiell der Übergangswiderstand auch ohne Bildung von Partikelaufplattierungen größere Werte annehmen kann, die zum Ausfall des Tribosystems führen könnten.

5.2 Zuverlässigkeit des elektrischen Kontaktes

5.2.1 Einfluss der Schwingweite auf die Lebensdauer

Wie in Kapitel 4.3.1 beschrieben, zeigt die doppelt-logarithmische Auftragung der Lebensdauer, bzw. der Zyklen bis EoL, mit den im einstufigen Tribometerversuch untersuchten Schwingweiten einen linearen Kurvenverlauf. Somit lässt sich die Lebensdauer des Tribosystems in Abhängigkeit der Schwingweite mit einem Potenzgesetz beschreiben, bei dem die Steigung der Geraden die Lebensdauer maßgeblich bestimmt. Es gilt:

$$N = 10^{\frac{log\,(\Delta x) - log\,(a)}{b}} = \left(\frac{\Delta x}{a}\right)^{\frac{1}{b}} \tag{5.3}$$

für $\Delta x \leq a$ und das beschriebene Tribosystem.

Die Steigung der Lebensdauergeraden beträgt $b = -0,478$ mit $a = 1259$. In der klassischen Wöhlerauswertung erhält man somit den Exponenten $-\frac{1}{b} = 2,09$. Große Schwingweiten führen zu frühen Ausfällen, während kleine Schwingweiten große Lebensdauern aufweisen. Wird die Schwingweite unter eine Übergangsamplitude Δx_t reduziert, so kann mit einem Durchläufer gerechnet werden. Nach einem Übergangsbereich knickt die Lebensdauerkurve ab und es ergibt sich ein Dauerfestigkeitsbereich. Bei einer 50%-igen Ausfallwahrscheinlichkeit ergibt sich eine Grenzschwingweite von $\Delta x_{z50} \approx 0,75\,\mu m$. Die Durchläufer bei kleinen Schwingweiten sind laut FOUVRY et al. [48] auf das Erreichen eines stabilen Partial Slip Regime zurückzuführen. Bei den in dieser Arbeit untersuchten Durchläufern ist allerdings nicht gewährleistet, dass die Grenzschwingweite auch der Übergangsamplitude vom Gross zum Partial Slip entspricht. Verschleißspuren die im Partial Slip entstehen, weisen einen charakteristischen „slipping annulus" auf, also einen Ringverschleiß. Die Verschleißspuren, die bei den Durchläufern im Schwingversuch entstanden sind, weisen keinen Ringverschleiß auf (vergleiche Abbildung 4.23). Zudem weist die Reibhysterese dieser Versuche immer noch auf ein zwar geringes aber doch vollständiges Gleiten hin.

Der Schwingweiteneinfluss wird rein qualitativ auch in der Literatur so beschrieben (siehe Kapitel 2.3.5.1). Quantitative Angaben gibt es nur wenige. FOUVRY *et al.* [48] berichten von einen exponentiellen Modell, welches auch den Übergang zum Partial Slip beschreibt. Dies kommt dem Potenzgesetz für den Zeitfestigkeitsbereich schon nahe. Allerdings wird teilweise in der Literatur schon bei Schwingweiten um ca. $5 - 6\,\mu$m [48], bzw. ca. $2,3\,\mu m$ [57] vom Übergang des GSR zum PSR berichtet. Dies kann, wie beschrieben, in dieser Arbeit nicht festgestellt werden. Vielmehr zeigt sich bei ca. $10\,\mu$m eine Änderung im Verschleißverhalten, welches im Wesentlichen auf die Rauheit der LP und damit auch auf die NiP-Schicht zurückgeführt werden kann. Die NiP-Schicht könnte somit auch dafür verantwortlich sein, dass bis zu den untersuchten Schwingweiten von ca. $1\,\mu$m keine Hinweise für einen Partial Slip gefunden wurden, die Versuche allerdings auf Grund der begrenzten Versuchszeit trotzdem als Durchläufern abgebrochen werden mussten.

5.2.2 Einfluss der LP-Rauheit auf die Lebensdauer

Niedrige LP-Rauheiten führen, wie in Abbildung 4.36 gezeigt, auf größere Steigungen der Lebensdauerkurve und somit zu größeren Lebensdauern bei großen Schwingweiten. Schwingverschleißversuche mit noch kleineren LP-Rauheiten bei $\Delta x = 38\,\mu$m (siehe Abbildung 4.37) deuten darauf hin, dass sich die Steigung der Lebensdauerkurve mit kleinerer LP-Rauheit dem Wert 1 nähert. Unter der Vorraussetzung, dass sämtliche Lebensdauerkurven sich bei kleinen Schwingweiten im etwa dem gleichen Punkt schneiden, kann mit dem Median der Versuchsergebnisse der Schwingverschleißversuche mit unterschiedlichen LP-Rauheiten bei $\Delta x = 38\,\mu$m eine Lebensdauerkurve konstruiert werden.

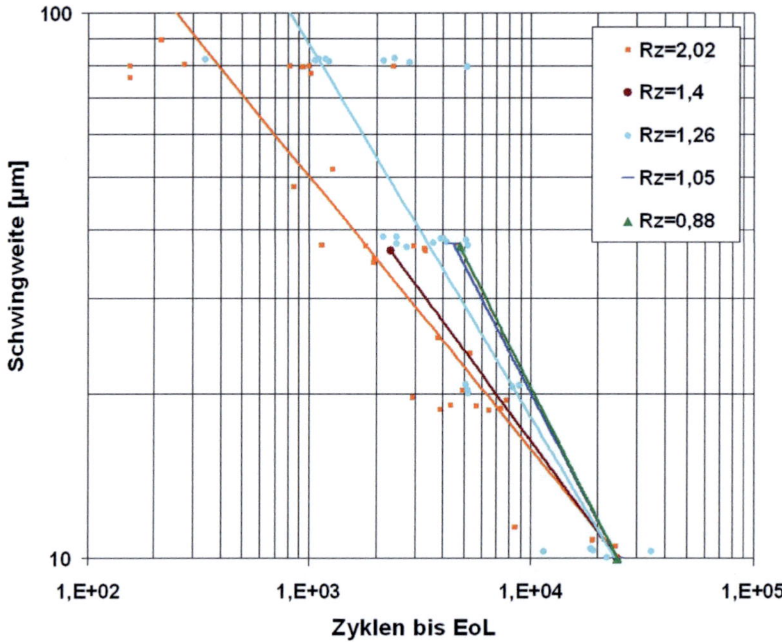

Abbildung 5.6: Einfluss der LP-Rauheit auf Steigung der Lebensdauerkurve mit den „konstruierten" Lebensdauerkurven aus dem Lebensdauer-Median für die Versuche bei $\Delta x = 38\,\mu m$ und dem Schnittpunkt der gegebenen Lebensdauerkurven.

Als gemeinsamer Schnittpunkt der Lebensdauerkurven wird der Schnittpunkt der beiden Lebensdauerkurven aus Abbildung 4.36 herangezogen ($\Delta x = 10\,\mu m$; N = 24547 Zyklen). Die unter den genannten Vorraussetzungen konstruierten Lebensdauerkurven der Tribosysteme mit unterschiedlichen LP-Rauheiten sind in Abbildung 5.6 zu sehen. Die Steigungen der Lebensdauerkurven sind separat in Abbildung 5.7 über der LP-Rauheit aufgetragen. Tribosysteme mit kleiner LP-Rauheit nähern sich der Steigung $-\frac{1}{b} = 1$ der Lebensdauerkurve. Wie genau sich die Kurve der Steigung 1 bei glatten Oberflächen nähert, z.B. asymptotisch, kann mangels Daten nicht geklärt werden. Wird die LP-Rauheit größer, so wächst auch die Steigung der Lebensdauerkurve.

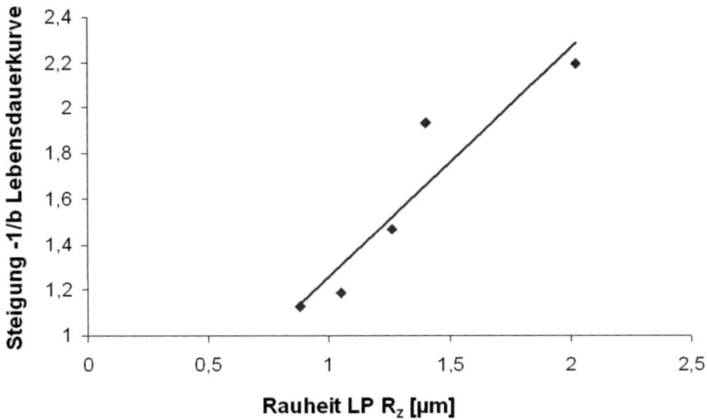

Abbildung 5.7: Steigung der Lebensdauerkurve in Abhängigkeit der LP-Rauheit.

Da die Lebensdauerkurve durch zwei Parameter beschrieben wird, durch die Steigung b und die Stützstelle a, muss auch die Stützstelle a in Abhängigkeit zur LP-Rauheit beschrieben werden (siehe Abbildung 5.8). Dies gelingt über ein Potenzgesetz, welches im Folgenden in die Lebensdauerberechung integriert wird.

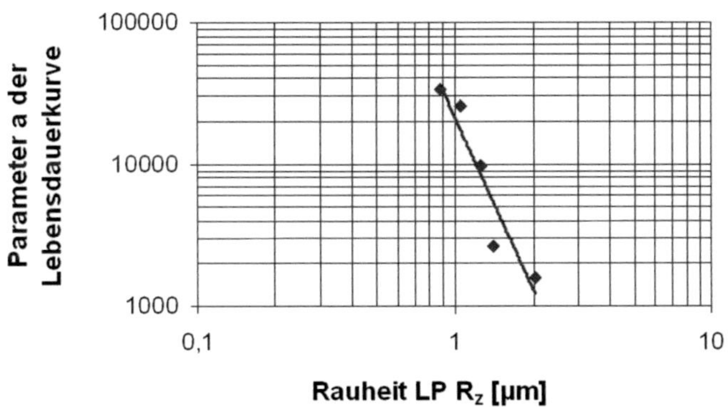

Abbildung 5.8: Stützpunkt a der Lebensdauerkurve in Abhängigkeit der LP-Rauheit.

Die sich daraus ergebende Beziehung zwischen der LP-Rauheit in R_z [µm] und der Lebensdauer [Zyklen] für Schwingweiten $\Delta x \geq 10\,\mu m$ lautet wie folgt:

$$N_{\mathrm{EoL}} = 10^{-(a_1\,R_z+a_2)(log\,(\Delta x)-(a_3+a_4\,log(R_z)))} \qquad (5.4)$$

Mit $a_1 = 0,71 \pm 0,15$, $a_2 = 0,62 \pm 0,2$, $a_3 = 4,33 \pm 0,13$, $a_4 = -4,05 \pm 0,8$, $R_z = 0,88-2,02\,\mu m$ und das beschriebene Tribosystem.

Im lokalen Verschleißmodell in Kapitel 5.1.4 wurde die Hypothese aufgestellt, dass die Größe der NiP-Knospen, bzw. die LP-Rauheit, für die Hauptschädigung der Terminalgoldschicht durch den Verschleißmechanismus des Pflügens verantwortlich ist. Wenn der NiP-Knospendurchmesser in etwa der Schwingweite entspricht, ist keine signifikante Schädigung der AuCo-Schicht durch das Pflügen mehr zu erwarten und das Modell trifft nicht mehr zu.

Der Einfluss der Rauheit bzw. der der Ni-Knospen wurde schon von ANTLER qualitativ beschrieben. Glattere Oberflächen führen somit zu größeren Lebensdauern [7] (siehe Kapitel 2.3.5.5). Dass die hier betrachteten NiP-Knospen bzw. die LP-Rauheit ebenfalls einen signifikanten Einfluss auf die Lebensdauer ausüben, wurde gezeigt. Hierbei ist es allerdings erstmalig möglich, diesen Einfluss zu quantifizieren und bei der Beschichtung gezielt Einfluss auf die Lebensdauer des späteren Steckkontaktes zu nehmen.

5.2.3 Einfluss der Goldschichtdicke auf Verschleiß und Lebensdauer

Der Einfluss der Goldschichtdicke wurde in Kapitel 4.3.2 untersucht. Die Lebensdauer der Tribosysteme mit den Terminalgoldschichtdicken von $0,2\,\mu m$, $0,4\,\mu m$ und $0,8\,\mu m$ in Abhängigkeit von der Schwingweite ist in Abbildung 4.30 dargestellt.

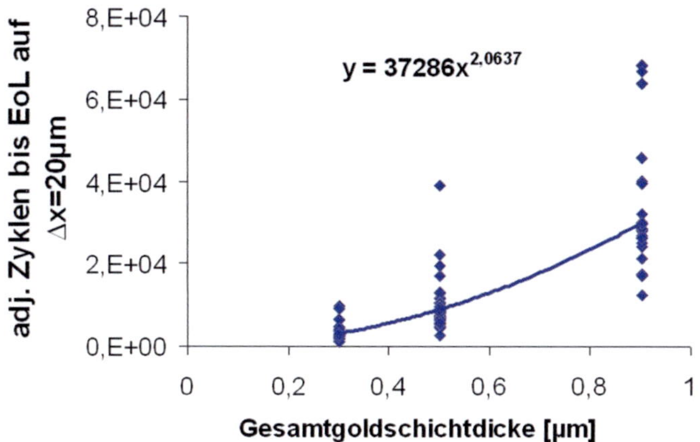

Abbildung 5.9: Auftragung der mit dem Perlenschnurverfahren adjustierten Zyklen bei $\Delta\text{x} = 20\,\mu\text{m}$ über der Gesamtgoldschichtdicke des Tribosystems.

Die Steigungen im Lebensdauerdiagramm aller drei Tribosysteme sind sehr ähnlich, so dass davon ausgegangen wird, dass es sich bei einer Goldschichtdickenänderung um eine Parallelverschiebung der Lebensdauerkurve handelt. Werden alle in Abbildung 4.30 dargestellten Versuche unter Anwendung des Perlenschnurverfahrens auf ein Lastniveau $\Delta x = 20\,\mu m$ projeziert, so wird eine quadratische Abhängigkeit von der Gesamtgoldschichtdicke (Goldschichtdicken der LP und des Terminals aufaddiert) des Tribosystems gefunden (siehe Abbildung 5.9).

Unter Einbeziehung der Gesamtgoldschichtdicke $t_{\text{Au,ges}}$ lässt sich somit folgendes Lebensdauermodell für das untersuchte Tribosystem aufstellen. Es gilt:

$$N_{EoL} = 10^{\frac{log\,(\Delta x) - log\,(a)}{b}} \times t^2_{Au,ges} = \left(\frac{\Delta x}{a}\right)^{\frac{1}{b}} \times t^2_{Au,ges} \qquad (5.5)$$

mit $a = 23000$ und $b = -0,67$.

Die Auftragung des Modells in das Lebensdauerdiagramm mit den empirisch bestimmten Daten und deren Fits zeigt eine sehr gute Übereinstimmung zwischen Modell und der Stichprobe (siehe Abbildung 5.10).

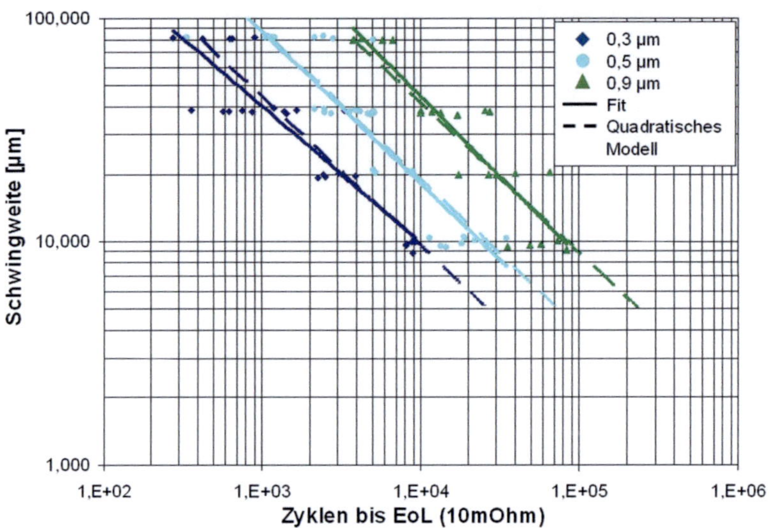

Abbildung 5.10: Vergleich der empirisch ermittelten Lebensdauerkurven mit den Lebensdauerkurven aus dem Modell (Formel 5.5).

5.3 Globales Verschleißmodell

Da das lokale Verschleißmodell die Verschleißmechanismen nur qualitativ beschreiben kann, wird hier auf ein globales Verschleißmodell zurückgegriffen, um den Gesamtverschleiß quantitativ zu beschreiben. Hierbei soll auch die Verknüpfung zwischen Verschleiß und Lebensdauer hergestellt werden.

5.3.1 Archard Verschleißmodell

Die mathematische Beschreibung des Verschleißfortschritts des Terminals, gelingt mit Hilfe des von ARCHARD *et al.* [17] aufgestellten Verschleißmodells, welches schon in Kapitel 2.3.3.2 beschrieben wurde.

Der Vergleich der Eindringhärten von LP und Terminal in Abbildung 4.6 zeigt, dass bedingt durch die harte NiP-Schicht die Härte der LP die des Terminals deutlich übertrifft.

Somit kann in erster Näherung die LP als starrer Grundköper angenommen werden, der das Terminal kontinuierlich verschleißt (siehe Abbildung 5.11).

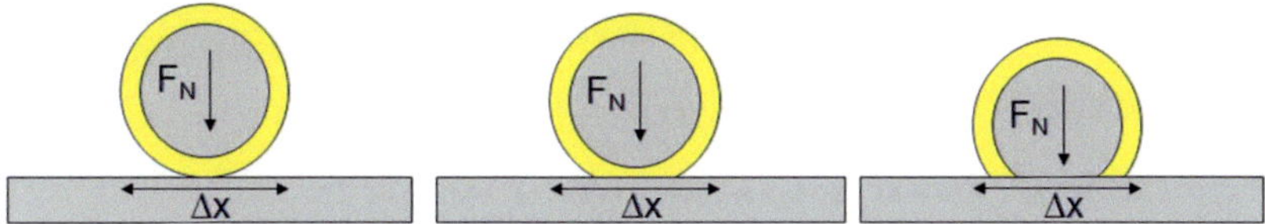

Abbildung 5.11: Archard-Modell des Tribosystems.

Die Berechnungen dieses Modells mit Formel 2.9 können jetzt direkt mit empirisch ermittelten Verschleißgrößen abgeglichen werden.

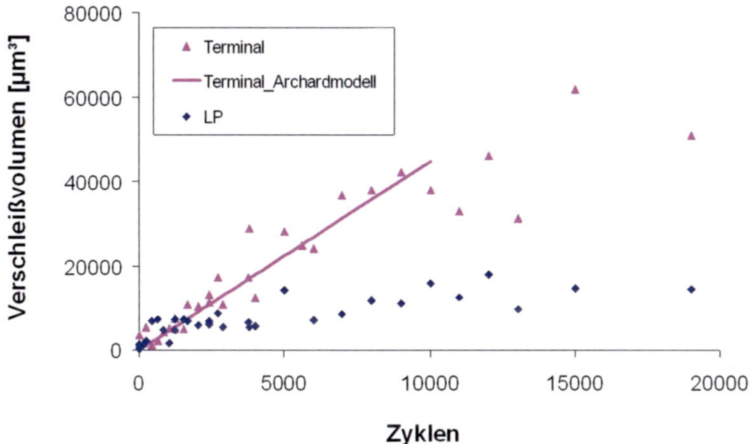

Abbildung 5.12: Verschleißvolumenentwicklung von Abbruchversuchen mit Terminal-Archardmodell.

Auf die in Abbildung 4.12 dargestellten Verschleißvolumenentwicklung des Terminals wird für den Terminalverschleiß ein Archardmodell für die ersten 10.000 Zyklen angewendet. Das berechnete Verschleißvolumen sowie das empirisch ermittelte Verschleißvolumen ist in Abbildung 5.12 für Terminal und LP über der Zyklenzahl dargestellt. Mit dem empirisch bestimmten Verschleißvolumen des Terminals wurde ein Verschleißkoeffizient von

$k = 5,89 \pm 1,64 \times 10^{-2}\ \mu m^3/\mathrm{N\,\mu m}$ ermittelt. Wie zu sehen ist, kann das Terminalverschleiß-volumen gut mit einem Archardmodell abgebildet werden. Hier wird der Verschleiß des weicheren Kontaktpartners, dem Terminal, durch den härteren Kontaktpartner, der LP, beschrieben. Da das Terminal auch das größere „Goldreservoir" zur Verfügung stellt, ist der Terminalverschleiß lebensdauerbestimmend.

Die EoL-Versuche aus Abbildung 4.9 sind in Abbildung 5.13 mit dem Terminalverschleiß-volumen über der Zyklenzahl für die verschiedenen Schwingweiten aufgetragen. Mit dem nach den Versuchen ermittelten Terminalverschleißvolumen wurden jeweils Mittelwerte für den Verschleißkoeffizienten bei unterschiedlichen Schwingweiten berechnet und das je-weilige Archardmodell eingezeichnet. Zu sehen ist die Streuung der Versuchsergebnisse auf dem jeweiligen Lastniveau und, dass die Streuung gut mit dem Archard-Verschleißmodell abgebildet werden kann.

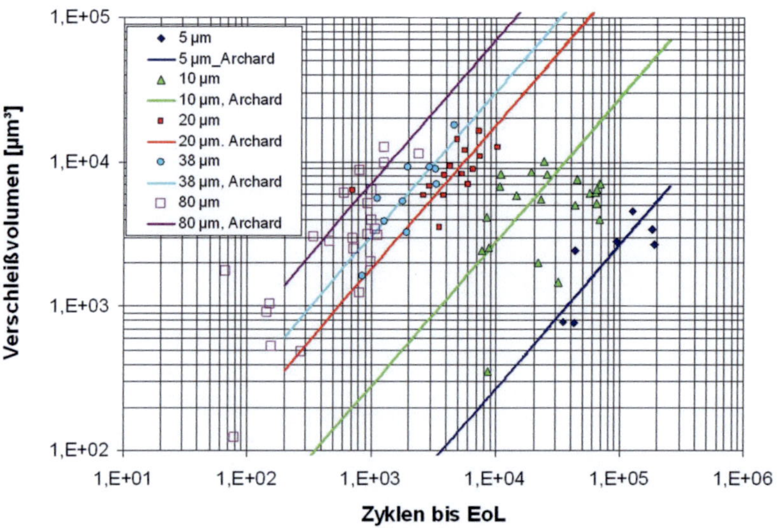

Abbildung 5.13: Gemessenes Verschleißvolumen aufgetragen über der Zyklenzahl bis EoL sowie jeweils ein Archardmodell für unterschiedliche Schwingweiten (alle Versuche mit Terminalgoldschichtdicke $0,4\ \mu m$).

Die berechneten Mittelwerte des Archard-Verschleißkoeffizienten sind in Abbildung 5.14 über der Schwingweite aufgetragen. Bei den großen Schwingweiten von 20 µm bis 80 µm sind deutlich größere Verschleißkoeffizienten k zu verzeichnen als bei kleineren Schwingweiten. Dieses könnte mit den in Kapitel 5.1.5 beschriebenen Beobachtungen des Verschleißmechanismenwechsels vom Furchen zum einfachen Indentieren zusammenhängen. Das Absinken des Verschleißkoeffizienten bei kleinen Schwingweiten ist bei Schwingverschleißversuchen nicht ungewöhnliches und wird auch bei anderen trockenen Metallpaarungen (z.B. 100Cr6 vs. 100Cr6) beobachtet [106, S.121]. Außerdem scheint der Verschleißkoeffizient für die untersuchten großen Schwingweiten in etwa konstant zu sein. Der Verschleißkoeffizient konnte für die in Abbildung 5.14 dargestellten Versuchsergebnisse im Bereich $k = 0,27 - 4,52 \times 10^{-2}$ $\mu m^3/_{N\,\mu m}$ ermittelt werden.

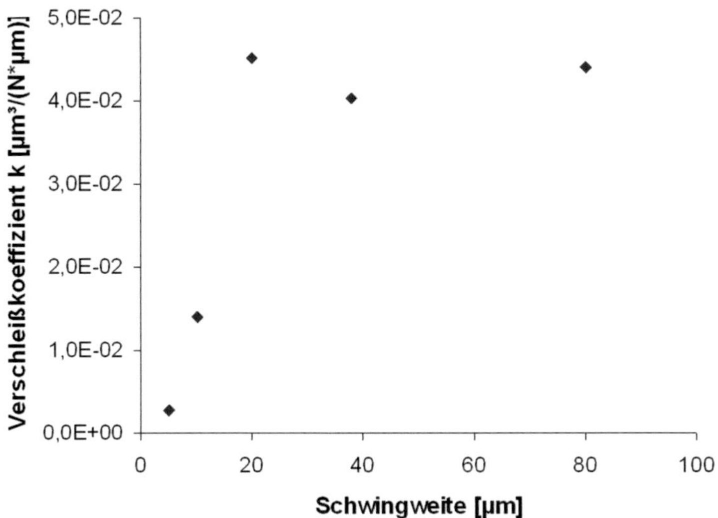

Abbildung 5.14: Archard Verschleißkoeffizienten (Mittelwerte) für das Terminal in Abhängigkeit von der Schwingweite.

Das Verschleißverhalten kann somit in erster Näherung gut mit einem Verschleißmodell nach ARCHARD beschrieben werden. Allerdings ergibt sich bei Betrachtung des Einflusses der Schwingweite in Abbildung 4.9 nicht eine Steigung 1, die sich bei einer einfachen Abhängigkeit der Schwingweite ergeben würde (siehe Formel 2.9), sondern eine Steigung von ca. $-\frac{1}{b} = 2$. Die, ausgehend von den in Kapitel 5.2.2 beschriebenen Hypothesen, konstruierten Wöhlerkurven bei kleinen LP-Rauheiten zeigen, dass sich die Wöhlerkurven bei immer weniger rauen Oberflächen einer Steigung von $-\frac{1}{b} = 1$ annähern (siehe Abbildung 5.7). Somit wäre eine Steigung $-\frac{1}{b} = 2$ auf die Rauheit der LP, bzw. auch den NiP-Knospenradius zurückführen. Ist die Steigung der Wöhlergeraden $-\frac{1}{b} = 1$, so weisen alle Versuche bei unterschiedlichen Schwingweiten den gleichen zurückgelegten Gesamtweg x bis zum EoL auf. Somit ist der Verschleißkoeffizient k schwingweitenunabhängig. Bei großen LP-Rauheiten ergibt sich eine Abhängigkeit des Verschleiß von x^2 (siehe Abbildung 5.7). Auf diesen Zusammenhang soll allerdings im Rahmen dieser Arbeit nicht genauer eingegangen werden.

5.3.2 Verknüpfung des Verschleißmodells mit dem Lebensdauermodell

Unter Vorraussetzung, dass die Lebensdauer des Tribosystems vom Verschleiß abhängig ist, soll das Lebensdauermodell mit dem globalen Verschleißmodell verknüpft werden. Um eine Verschleißgröße direkt mit dem elektrischen Ausfall zu verknüpfen, wird zunächst auf ein sehr einfaches Modell zurückgegriffen. Betrachtet wird eine goldbeschichtete Nickelkugel mit Radius R und einer konstanten Goldschichtdicke $t_{\mathrm{Au}} = 0,4\ \mu\mathrm{m}$ im Kontakt mit einer starren Platte. Bei beiden Körpern wird im Gegensatz zum realen System keine Rauheit betrachtet.

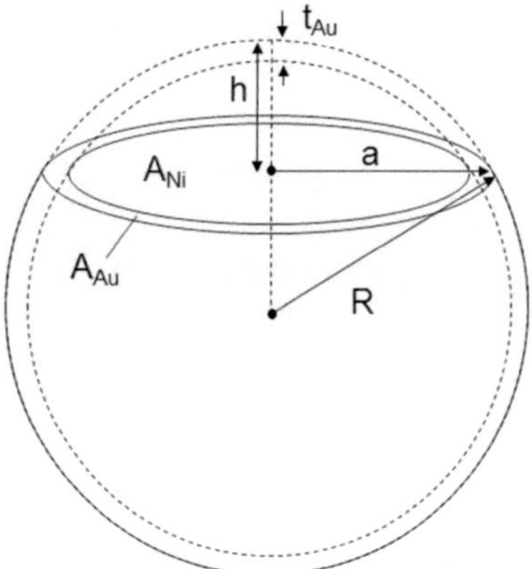

Abbildung 5.15: Skizze der Kugelkalotte für Berechnung des Au-Anteils des Terminals in Abhängigkeit der Verschleißtiefe.

Wird dieser Kugel-Platte-Kontakt verschlissen (bei Annahme einer steifen Platte), so geht die Verschleißtiefe h der Kugel mit einem bestimmten Verschleißvolumen V_w nach

$$V_\text{w} = \pi R h^2 - \frac{h^3 \pi}{3} \tag{5.6}$$

einher (siehe Abbildung 5.15).

Der Kontakt wird allerdings erst dann elektrisch ausfallen, wenn der Goldanteil der Kontaktfläche unter einen kritischen Wert sinkt. Ist also $h < t_\text{Au}$, so wird es zu keinem elektrischen Ausfall kommen. Ist allerdings $h \geq t_\text{Au}$, so wird der Nickeloxidanteil in der Kontaktfläche stetig steigen und der Goldanteil somit sinken. Der Verschleiß kann somit in zwei unterschiedliche Teile gegliedert werden. Einem ersten Teil, bei dem ein kontinuierlicher Goldverschleiß stattfindet ($h < t_\text{Au}$), es allerdings zu keinem elektrischen Ausfall kommen wird und einem zweiten Teil, bei dem die Goldschicht stellenweise durchgerieben wird und der Kontakt elektrisch ausfällt. Ist die Goldschicht einmal durchgerieben, so stellt sich in diesem idealisierten Modell eine kreisrunde Nickelkontaktfläche in der Mitte ein, die von dem verbliebenen Goldrand umgeben ist (vergleiche Abbildung 5.11). Auch dieser Goldanteil kann über eine einfache mathematische Beschreibung von Kreisringen beschrieben werden:

$$A_\text{ges} = \pi(2Rh - h^2) \tag{5.7}$$

$$A_\text{Ni} = \pi a_\text{Ni}^2 = \pi \left(2\left[R - t_\text{Au}\right]\left[h - t_\text{Au}\right] - \left[h - t_\text{Au}\right]^2 \right) \tag{5.8}$$

$$A_\text{Au} = A_\text{ges} - A_\text{Ni} \tag{5.9}$$

Da der Goldflächenanteil in der Verschleißspur α_Au ausschlaggebend für den Übergangswiderstand ist, wird dieser wie folgt beschrieben:

$$\alpha_\text{Au} = \frac{A_\text{Au}}{A_\text{ges}} = \frac{t_\text{Au}}{h} \frac{2 - \frac{t_\text{Au}}{R}}{2 - \frac{h}{R}} \tag{5.10}$$

Für $R \gg h$ ergibt sich:

$$\alpha_{\mathrm{Au}} = \frac{t_{\mathrm{Au}}}{h} \tag{5.11}$$

Somit ist der Goldflächenanteil unabhängig vom Radius der Kugel.

Das kritische Verschleißvolumen, dass sich aus der geometrischen Beziehung zum kritischen Goldflächenanteil ergibt, folgt aus Formel 5.6 und kann folgendermaßen approximiert werden:

$$V_{\mathrm{EoL}} \approx \pi R h_{EoL}^2 \tag{5.12}$$

Aus Formel 5.11 und Formel 5.12 ergibt sich das kritische Volumen für einen kritischen Goldflächenanteil zu:

$$V_{\mathrm{EoL}} = \frac{\pi\, R\, t_{\mathrm{Au}}^2}{\alpha_{\mathrm{Au},EoL}^2} \tag{5.13}$$

Das nach dem Archard-Verschleißmodell definierte Verschleißvolumen, welches sich für eine schwingende Beanspruchung nach Formel 2.9 ergibt, sowie das kritische Volumen aus Formel 5.13 führen zur Definition der Zyklen bis zum EoL:

$$N_{\mathrm{EoL}} = \frac{\pi R t_{\mathrm{Au}}^2}{k F_{\mathrm{N}} 2 \Delta x \alpha_{\mathrm{Au},EoL}^2} \tag{5.14}$$

Die Lebensdauer ist somit in Näherung quadratisch abhängig von der Goldschichtdicke. Diese Ableitung steht in Übereinstimmung mit der empirischen ermittelten quadratischen Abhängigkeit der Lebensdauer von der Goldschichtdicke. Dabei gilt es aber zu beachten, dass der Schwingweiteneinfluss nicht nur in Δx zum Tragen kommt, sondern wie im vorherigen Kapitel diskutiert auch im Verschleißkoeffizienten k (vergleiche Abbildung 5.14). Der Oberflächengoldanteil zum EoL $\alpha_{\mathrm{Au,EoL}}$ wird sich vermutlich bei Betrachtung der unterschiedlichen Verschleißspuren bei verschiedenen Schwingweiten ebenfalls ändern.

Da die Lebensdauer bei Schwingweiten $\Delta x \leq 10\,\mu\mathrm{m}$ abhängig vom Goldvolumenverhältnis der gleichmäßig dicken Partikelaufplattierung ist (vergleiche Abbildung 5.3), wird der gleiche Ansatz auch mit einem kritischen Goldvolumenanteil in der Verschleißspur berechnet. Das Volumen der Kugelkalotte aus Formel 5.6 lässt sich folgendermaßen approximieren.

$$V_{\text{ges}} \approx \pi R h^2 \tag{5.15}$$

$$V_{\text{Au}} = V_{\text{ges}} - V_{\text{Ni}} = \pi R h^2 - \pi \left(R - t_{\text{Au}}\right)\left(h - t_{\text{Au}}\right)^2 \tag{5.16}$$

Das Goldvolumenverhältniss γ_{Au} ergibt sich mit $R \gg h$, t_{Au} somit zu:

$$\gamma_{Au} = \frac{V_{\text{Au}}}{V_{\text{ges}}} \approx \frac{2h\,t_{\text{Au}} - t_{\text{Au}}^2}{h^2} \tag{5.17}$$

Für den Fall, dass $h > t_{\text{Au}}$ ist, ergibt sich:

$$\frac{h}{t_{\text{Au}}} = \frac{1 + \sqrt{1 - \gamma_{\text{Au}}}}{\gamma_{\text{Au}}} \tag{5.18}$$

Der elektrische Ausfall tritt bei einem kritischen Volumenverhältnis $\gamma_{\text{Au}} = \gamma_{\text{Au,EoL}}$ ein. Der kritische Goldvolumenanteil $\gamma_{\text{Au,EoL}}$ lässt sich wiederum geometrisch mit einem kritischen Kugelkalottenvolumen, bzw. Verschleißvolumen (siehe Formel 5.12) verknüpfen:

$$V_{\text{EoL}} = \pi R t_{\text{Au}}^2 \left(\frac{1 + \sqrt{1 - \gamma_{\text{Au}}}}{\gamma_{\text{Au}}}\right)^2 \tag{5.19}$$

Es zeigt sich, dass es keinen Unterschied zwischen der kritischen Goldflächen- und der kritischen Goldvolumenbetrachtung gibt, da beide Größen miteinander verknüpft sind:

$$\frac{h}{t_{\text{Au}}} = \frac{1}{\alpha_{\text{Au,EoL}}} = \frac{1 + \sqrt{1 - \gamma_{\text{Au,EoL}}}}{\gamma_{\text{Au,EoL}}} \tag{5.20}$$

Der analytisch bestimmte Goldflächenanteil ist in Abbildung 5.16 über dem entsprechenden Kugelkalottenvolumen bzw. Verschleißvolumen für verschiedene Terminalgoldschichten aufgetragen. Der Vergleich der exakten analytischen Lösung (siehe Formel 5.10) für $t_{\text{Au}} = 0,4\,\mu m$ mit der approximierten Lösung (siehe Formel 5.11) zeigt keine signifikante Abweichung. Je größer die Goldschichtdicke, desto länger ist $\alpha_{\text{Au}} = 1$.

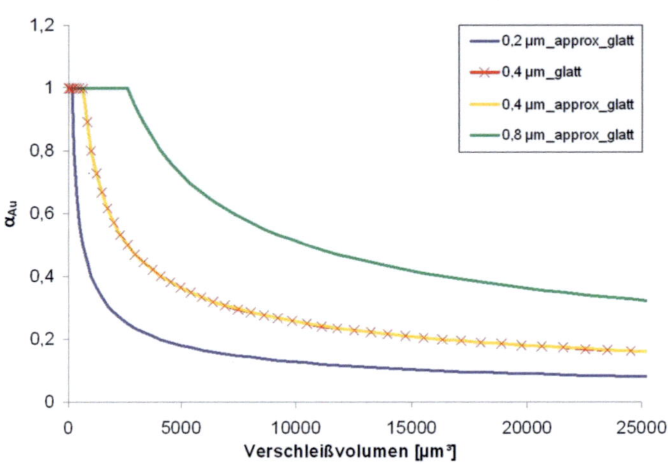

Abbildung 5.16: Goldflächenanteil in Abhängigkeit von der Goldschichtdicke und des Verschleißvolumens.

Um die Frage zu beantworten, ob dieser idealisierte Fall für einen glatten Kugelkontakt auch auf den rauen LP-Terminalkontakt anzuwenden ist, wurde der Goldflächenanteil für den jeweiligen Fall über dem Verschleißvolumen aufgetragen.

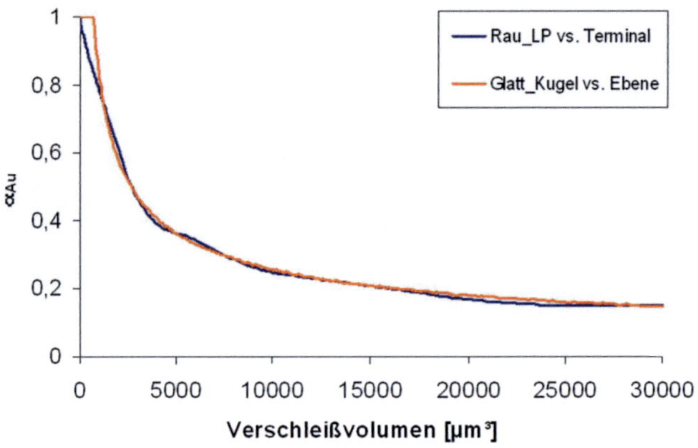

Abbildung 5.17: Abhängigkeit α_{Au} vom Verschleißvolumen für den glatten Kugel-Flächenkontakt und den rauen LP-Terminalkontakt.

In Abbildung 5.17 sind die Lösungen für die analytische Kugelformel, als auch die numerische Lösung für die reale LP- und Terminaltopographie zu sehen. Für die numerische Lösung wurden die Topographien der LP und des Terminals ineinander gefahren und unter Erhöhung der Eindringtiefe der jeweilige Goldflächenanteil bestimmt. Nur bei geringen Eindringtiefen ergibt sich aufgrund der Rauheit eine Abweichung der beiden betrachteten Fälle. Diese Abweichung ist allerdings zu vernachlässigen, da der kritische Goldanteil, bzw. das kritische Verschleißvolumen erst bei größeren Eindringtiefen eine Rolle spielt. Die Übereinstimmung der beiden Kurven zeigt somit die Anwendbarkeit des aufgestellten Lebensdauermodells für die in dieser Arbeit behandelten rauen LP-Terminalkontakte.

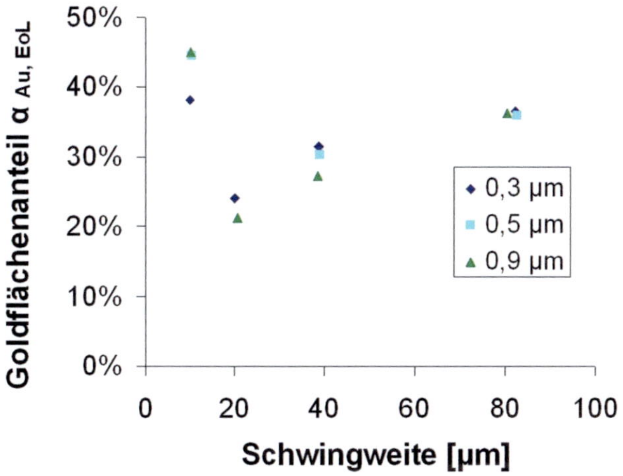

Abbildung 5.18: Berechneter kritischer Goldflächenanteil in Abhängigkeit von Schwingweite und Gesamtgoldschichtdicke.

Die Mittelwerte des kritischen Goldflächenanteils $\alpha_{Au,EoL}$ in Abhängigkeit von Schwingweite und Gesamtgoldschichtdicke berechnet mit den Verschleißkoeffizienten aus Abbildung 5.14, der Normalkraft ($F_N = 1\,N$) und dem verwendeten Terminalradius ($R = 1,3\,mm$), sind in Abbildung 5.18 aufgetragen. Es ergibt sich ein kritischer Goldflächenanteil von ca. $30\% \pm 10\%$. Eine Schwingweitenabhängigkeit des Goldflächenanteils ist erkennbar wird aber im Folgenden bewusst vernachlässigt. Der geringfügige Einfluss der Gesamtgoldschichtdicke ist wahrscheinlich nur auf die Streuung der Versuchsergebnisse zurückzuführen und deshalb zu vernachlässigen.

Mit dem als konstant angenommenen kritischen Goldflächenanteil $\alpha_{Au,EoL} = 0,3$ und den Verschleißkoeffizienten aus Abbildung 5.14 wurden in Abbildung 5.19 die Lebensdauern mit Formel 5.14 berechnet. Dabei ist ein Vergleich der berechneten Lebensdauer mit der experimentell bestimmten Lebensdauer gegenübergestellt. Es ist festzustellen, dass die berechneten Lebensdauerkurven fast identisch mit den experimentell bestimmten Kurven sind. Somit können bei bekannter Beanspruchung, sowie den empirisch ermittelten $\alpha_{Au,EoL}$ und k, die Lebensdauerkurven berechnet werden.

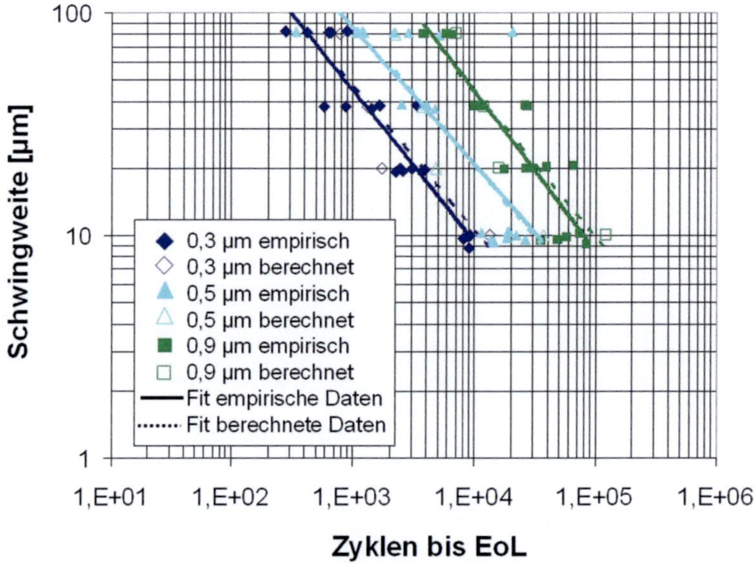

Abbildung 5.19: Vergleich der berechneten Lebensdauer aus Formel 5.14 mit der experimentell bestimmten Lebensdauer.

Das hier beschriebene globale Verschleißmodell trifft natürlich nur zu, wenn die freigelegten Nickelschichten auch oxidieren können. Der in Kapitel 4.3.6 beschriebene Verschleiß unter Stickstoffatmosphäre kann mangels Oxidation mit diesem Modell nicht beschrieben werden.

5.4 Schwingverschleiß im Tribometer und im Steckverbinder

Die durchgeführten Schwingverschleißuntersuchungen beziehen sich alle auf ein Modellsystem im Tribometer. In der realen Anwendung ergeben sich einige Unterschiede, auf die im Folgenden eingegangen wird.

Im Steckverbinder spielt der Übergang vom Haften ins Gleiten eine zentrale Rolle, da bei einem Haften der Kontaktlamelle mit keinem Verschleiß und somit mit keinem elektrischen Ausfall zu rechnen ist. Im Tribometer wird durch den weggesteuerten Piezoaktor die eingestellte Schwingweite mit entsprechend hoher Kraft erzwungen. Im verbauten Steckverbinder hingegen ist die Bewegung kraftgesteuert, so dass erst die Haftkraft überwunden werden muss, um ein Gleiten zu verursachen.

Gibt es im Steckverbinder eine Relativbewegung so wird diese mit großer Wahrscheinlichkeit bidirektional sein und nicht wie im Tribometer unidirektional.

Die im Kraftfahrzeug verbauten Steckverbinder werden im Zuge von auftretenden Vibrationen sehr hochfrequent beansprucht. Die im Rahmen dieser Arbeit untersuchten Frequenzvariationen von ca. $1 - 100$ Hz ergeben keine Beeinflussung der Lebensdauer des Tribosystems. Die teilweise im Kiloherz-Bereich liegenden Beanspruchungen in der realen Anwendung [24] könnten natürlich einen entsprechenden Einfluss ausüben. Die durch Thermohübe verursachten großen Schwingweiten werden hingegen extrem langsam durchgeführt, so dass die Tribometerversuche auch diesen Anwendungsfall nicht realitätsnah abbilden können. Unter der Annahme, dass die alles bestimmende Nickeloxidation nicht durch die entweder sehr kleinen Frequenzen des Thermohubs oder die sehr großen Frequenzen der Vibration beeinflusst wird, wäre eine Übertragbarkeit der Ergebnisse gewährleistet.

Ein weiteres Szenario im Steckverbinder ist die Möglichkeit eines Abrollen der Kontaktlamelle. Der somit auftretende Rollverschleiß kann nicht mit dem am Tribometer untersuchten Schwingverschleiß verglichen werden. Ein ebenfalls zentraler Unterschied der Tribometerversuche liegt in der fehlenden Berücksichtigung des Steckvorgangs. Durch die eventuell sehr großen Steckwege (mehrere Millimeter) wird es im Steckverbinder zu einer Vorschädigung der Terminals kommen, bevor diese überhaupt durch die Schwingwechsel beansprucht werden. Diese Vorschädigung müsste also in den Modellen dieser Arbeit zusätzlich berücksichtigt werden.

Ein weiterer Punkt sind die Stillstandszeiten, etwa durch ein abgestelltes Fahrzeug. Diese Pausen in der Schwingbeanspruchung wurden im Tribometer nicht berücksichtigt. Da in dieser Diskussion von einer sehr schnellen Nickeloxidation ausgegangen wird, die noch im bewegten Kontakt geschieht, wird beim Stillstand keine signifikante Veränderungen im Übergangswiderstand erwartet. Es muss allerdings erwähnt werden, dass dies nur für die in dieser Arbeit untersuchte Schwingverschleißkorrosion gilt. Eine eventuell ohne Reibenergie stattfindende Porenkorrosion wird nicht berücksichtigt.

6 Zusammenfassung und Ausblick

Vergoldete elektrische Steckkontakte werden im Kraftfahrzeug tribologisch beansprucht. Der daraus resultierende Schwingverschleiß mit unterschiedlichsten Einflussgrößen wurde in dieser Arbeit untersucht. Es konnte ein lokales Verschleißmodell aufgestellt werden, dass die im Asperitenkontakt wirkenden Verschleißmechanismen erklärt. Durch die harte NiP-Schicht der LP wird die Terminalhartgoldschicht gefurcht und dabei das LP-Feingold in die Rauheitstäler verdrängt. Von Beginn an entstehen dabei Goldverschleißpartikel. Sind die Nickelschichten auf LP- und Terminalseite freigelegt, bilden sich Nickeloxidschichten und im Kontakt entstehen auch Nickeloxidverschleißpartikel. Diese Partikel können im Kontakt wieder aufplattiert und mechanisch vermischt werden, so dass ein 3. Körper entsteht. Bedingt durch die angelegte Schwingweite werden die Verschleißpartikel auch wieder aus dem Kontakt ausgeworfen. Jedoch ist bei kleiner Schwingweite der Partikeltransportmechanismus nicht ausgeprägt, so dass die Goldpartikel länger im Kontakt verbleiben. Dies ist auch der Grund dafür, dass die Lebensdauer des elektrischen Kontaktes bei kleineren Schwingweiten ansteigt. Erst wenn nur noch wenig leitfähiges Gold im Kontakt verblieben ist und ein Großteil der Asperitenkontakte aus Nickeloxid besteht, fällt der Steckkontakt elektrisch aus. Eine Verlängerung der Lebensdauer ist somit auch durch dickere Hartgoldschichten auf dem Terminal möglich, da mehr Gold länger im Kontakt verbleibt. Die Untersuchung der LP-Rauheit zeigte bei Schwingweiten $\Delta x \geq 10\,\mu m$ einen Einfluss auf die Lebensdauer. Bei größerer Rauheit wurde die Lebensdauer bei großen Schwingweiten reduziert. Da der LP-Rauheitseinfluss bei Schwingweiten $\Delta x \leq 10\,\mu m$ verschwindet, wurde dies in direktem Zusammenhang mit einem effektiveren Partikeltransportmechanismus bei $\Delta x \geq 10\,\mu m$ über die NiP-Knospen ($\varnothing \approx 10\,\mu m$) hinweg in Zusammenhang gebracht. Untersuchungen des Einflusses der relativen Luftfeuchte zeigten bei steigenden relativen Luftfeuchten größere Lebensdauern.

Eine globale Beschreibung des Terminalverschleißes konnte durch ein Archardmodell ermöglicht werden. Die Verschleißkoeffizienten sind dabei abhängig von der Schwingweite. Da die Schwingweite die Haupteinflussgröße auf die Zuverlässigkeit des Steckkontaktes darstellt, wurde die Lebensdauer quantitativ über einen Wöhleransatz beschrieben. Der Ausfall der Kontakte folgt einem Potenzgesetz. Das heißt, dass in einer wöhlerartigen doppeltlogarithmischen Auftragung der Beanspruchungsgröße Schwingweite über der Lebensdauer, die Lebensdauerkurve einer Geraden entspricht. Der lebensdauerverlängernde Einfluss der Terminalgoldschichtdicke kann dabei mit einer Parallelverschiebung der Lebensdauergerade hin zu größeren Lebensdauern beschrieben werden. Dabei ist die Lebensdauer quadratisch abhängig von der Gesamtgoldschichtdicke des Tribosystems. Die LP-Rauheit wirkt sich auf die Steigung der Geraden aus, so dass mit kleinerer Rauheit bei großen Schwingweiten größere Lebensdauern erzielt werden.

Über die Verknüpfung der Lebensdauermodelle mit dem globalen Verschleißmodell konnte gezeigt werden, dass sich die quadratische Abhängigkeit der Lebensdauer von der Goldschichtdicke auch über die geometrische Beschreibung des Verschleißvolumens ergeben muss. Die Lebensdauer kann somit unter Angabe eines kritischen Goldflächenanteils in der Verschleißspur bei bekannter Beanspruchung berechnet werden.

Zukünftigen Untersuchungen wurden eine Methodik zur Verfügung gestellt, um Lebensdauermodelle für weitere Schichtsysteme für elektrische Kontakte aufzustellen. Des Weiteren können nun bei bekannten Verschleißmechanismen auch die durch den Strom induzierte Mechanismen untersucht und vor allem identifiziert werden.

Abbildungsverzeichnis

Abbildungsverzeichnis

Tabellenverzeichnis

Literaturverzeichnis

[1] *Interner Bericht*; Techn. Ber.; Robert Bosch GmbH.

[2] G. C. Allen, P. M. Tucker und R. K. Wild: *Surface Oxidation of Nickel Metal as Studied by X-Ray Photoelectron Spectroscopy*; Oxidation of Metals; 13, S. 223–236; 1979.

[3] AMP: *Golden Rules: Guidelines for the Use of Gold on Connector Contacts*; Techn. Ber.; 1996.

[4] M. Antler: *Gold-Plated Contacts: Effect of Substrate Roughness on Reliability*; Plating; S. 1139–1144; October 1969.

[5] M. Antler: *Tribological Properties of Gold for Electric Contacts*; IEEE Transactions on Parts, Hybrids, and Packaging; 9(1), S. 4–14; 1973.

[6] M. Antler: *Wear of gold plate: effect of surface films and polymer codeposits*; IEEE Transactions on parts, hybrids and packaging; 10; 1974.

[7] M. Antler: *Sliding Wear of Metallic Contacts*; IEEE Transactions on Components, Hybrids, and Manufacturing Technology; 4(1), S. 15–29; 1981.

[8] M Antler: *Fretting of Electrical Contacts: An Investigation of Palladium Mated to Other Materials*; Wear; 81, S. 159–173; 1982.

[9] M. Antler: *Electrical effects of fretting connector contact materials: A review*; Wear; 106(1-3), S. 5–33; Nov. 1985.

[10] M. Antler: *Corrosion control and lubrication of plated noble metal connector contacts*; IEEE Transactions on Components, Packaging, and Manufacturing Technology, Part A; 19(3), S. 304–312; 1996.

[11] M. Antler: *Sliding wear and friction of electroplated and clad connector contact materials: effect of surface roughness*; in *Proceedings of the 42nd IEEE Holm Conference on Electrical Contacts, Joint with the 18th International Conference on Electrical Contacts*; S. 363–374; 1996.

[12] M. Antler und M. H. Drozdowicz: *Wear of gold electrodeposits: effect of substrate and of nickel underplate*; *The Bell System Technical Journal*; 58; 1979.

[13] M. Antler und M. H. Drozdowicz: *Fretting Corrosion of Gold-Plated Connector Contacts*; *Wear*; 74, S. 27–50; 1981-1982.

[14] Morton Antler: *Wear and Friction of the Platinum Metals - Performing in Sliding Contacts*; *Platinum Metals Reviem*; 10(1); January 1966.

[15] Morton Antler: *The Wear of Electrodeposited Gold*; *ASLE Transactions*; 11(3), S. 248–260; 1968.

[16] Morton Antler: *Contact Fretting of Electronic Connectors*; Bd. E82-C von *IEICE Trans. Electron.*; 1999.

[17] J. F. Archard und W. Hirst: *The wear of metals under unlubricated conditions*; in *Proceedings of the Royal Society of London Series A. Mathematical and Physical Sciences*; Bd. 236; 1956.

[18] ASTM: *ASTM B488-01 Standard Specification for Electrodeposited Coatings of Gold for Engineering Uses*; 2006.

[19] N. Aukland und H. Hardee: *A Graphical Comparison of the Fretting Characteristics of Cyanide and Sulfite Plated Gold*; in *Proceedings of 17th ICEC*; S. 439–446; 1994.

[20] N.R. Aukland und H.C. Hardee: *A statistical comparison of gold plating systems under specific fretting parameters*; in *Proceedings of the 40th IEEE Holm Conference on Electrical Contacts*; S. 177–188; 1994.

[21] Günter Beck: *Edelmetall-Taschenbuch*; Bd. 3; Giesel; 2001.

[22] N. Ben Jemaa und J. Swingler: *Correlation between Wear and Electrical behaviour of contact interfaces during Fretting vibration*; in *Proceedings ICEC 2006*; 2006.

[23] P. Bernard, M. Belin et al.: *Wear of Gold Contacts: Microscopic Phenomena and effective Contact Area*; in *Proceedings of the 14th International Conference on Electrical Contacts*; S. 13–20; 1988.

[24] A. Bouzera, E. Carvou et al.: *Minimum fretting amplitude in medium force for connector coated material and pure metals*; Proceedings of the 56th IEEE Holm Conference on Electrical Contacts; 2010.

[25] F.P. Bowden und D. Tabor: *Reibung und Schmierung fester Körper*; Springer Verlag; Berlin; 1959.

[26] I. H. Brockman, C. S. Sieber und R. S. Mroczkowski: *A Limited Study of the Effects of Contact Normal Force, Contact Geometry and Wipe Distance on the Contact Resistance of Gold-Plated Contacts*; IEEE Transactions on Components, Hybrids, and Manufacturing Technology; 11(4), S. 393–400; 1988.

[27] M. D. Bryant: *Resistance Buildup in Electrical Connectors Due to Fretting Corrosion of Rough Surfaces*; IEEE Transactions on Components, Hybrids, and Manufacturing Technology; 17(1), S. 86–95; 1994.

[28] I. Buresch, P. Rehbein und D. Klaffke: *Possibilities of fretting corrosion model testing for contact surfaces of automotive connectors*; in Proceedings of the 2nd World Tribology Congress; 2001.

[29] C. Chen: *A Study of the Prediction of Vibration-Induced Fretting Corrosion in Electrical Contacts*; Dissertation; Auburn University; 2009.

[30] R. L. Cohen, F. B. Koch et al.: *Characterization of Cobalt-Hardened Gold Electrodeposists by Co57 -Fe57 Mössbauer Spectroscopy*; Journal de Physique; 41(C1), S. 349–350; 1980.

[31] R. L. Cohen, K. W. West und M. Antler: *Search for Gold Cyanide Inclusions in Cobalt-Hardened Gold Electrodeposits*; Journal of Electrochemical Society; 124(3), S. 342–345; 1977.

[32] B. Dietrich: *Über die Frittung von Fremdschichten in ruhenden elektrischen Kontakten*; Dissertation; TU Braunschweig; 1973.

[33] P. v. Dijk: *Contacts in Motion*; in Proceedings of the 19th Conference On Electrical Contacts; 1998.

[34] P. v. Dijk, A. K. Rudolphi und D. Klaffe: *Investigations on Electrical Contacts Subjected to Fretting Motion*; in Proceedings of the 21st Conference On Electrical Contacts; 2002.

[35] DIN: *DIN EN 60068-2-58 Umweltprüfungen - Teil2-58: Prüfungen - Prüfung Td: Prüfverfahren für die Lötbarkeit, Widerstandsfähigkeit gegenüber Auflösen der Metallisierung und Lötwärmebeständigkeit bei oberflächenmontierbaren Bauelementen (SMD).*

[36] DIN: *DIN 50100 Dauerschwingversuch*; 1978.

[37] DIN: *DIN EN ISO 14577-1 Instrumentierte Eindringprüfung zur Bestimmung der Härte und anderer Werkstoffparameter*; 2003.

[38] DIN: *DIN EN ISO 14577-2 Instrumentierte Eindringprüfung zur Bestimmung der Härte und anderer Werkstoffparameter*; 2003.

[39] DIN: *DIN EN ISO 4527 Metallische Überzüge - Autokatalytisch (außenstromlos) abgeschiedene Nickel-Phosphor-Legierungs-Überzüge*; 2003.

[40] DIN: *DIN EN ISO 4526 Metallische Überzüge - Galvanische Nickelüberzüge für technische Zwecke*; 2004.

[41] DIN: *DIN EN ISO 27874 Metallische und andere anorganische Überzüge - Galvanische Gold- und Goldlegierungsüberzüge für elektrische, elektronische und technische Zwecke - Anforderungen und Prüfverfahren*; 2009.

[42] DIN: *DIN EN ISO 4287 Oberflächenbeschaffenheit: Tastschnittverfahren*; 2010.

[43] T. K. Do und A. Lund: *A Reliability Study of a New Nanocrystalline Nickel Alloy Barrier Layer for Electrical Contacts*; Proceedings of the 56th IEEE Holm Conference on Electrical Contacts; 56, S. 73–81; 2010.

[44] Benjemaa El Abdi, R.: *Mechanical wear of automotive connectors during vibration tests*; Universitatea Politehnica Bucuresti Science Bulletin; 71, S. 167–180; 2009.

[45] B. Endres: *Edelmetallbeschichtungen für die Verbindungstechniken in der Elektronik*; PLUS; 1-3, S. 1–20; 2006.

[46] B. Endres: *Innovative Kompetenz in Sachen funktionelle Edelmetallbeschichtungen*; Galvanotechnik; 5; 2010.

[47] G. Fasching: *Werkstoffe für die Elektrotechnik*; Springer Verlag; 4. Aufl.; 2005.

[48] S. Fouvry, P. Jedrzejczyk und P. Chalandon: *Introduction of an exponential formulation to quantify the electrical endurance of micro-contacts enduring fretting wear: Application to Sn, Ag, and Au coatings*; Wear; 271, S. 1524–1534; 2011.

[49] J Freund, J Halbritter und JK Hörber: *How dry are dried samples? Water adsorption measured by STM.*; *Microsc Res Tech*; 44(5), S. 327–38–; 1999.

[50] J. Friedl: *Numerical and Experimental Investigation of the Tribo-Electrical Properties of Tin and Gold Surfaces*; Diplomarbeit; Hochschule Esslingen; 2012.

[51] B. Gehlert, G. Herklotz et al.: *Schichtsysteme für IC-Karten*; in *13. Kontaktseminar "Kontaktverhalten und Schalten"*; Bd. 47; S. 29–35; 1995.

[52] S. J. N. Goodman und T. F. Page: *The Contact Resistance and Wear Behaviour of Separable Eletrical Contact Materials*; *Wear*; 131, S. 177–191; 1989.

[53] M. J. Graham und M. Cohen: *On the mechanism of low-temperature oxidation (23°-450°C) of polycrystalline nickel*; *Journal of the electrochemical society*; S. 879–882; 1972.

[54] H. Großmann und W. Merl: *Über den spezifischen Widerstand galvanisch hergestellter Goldschichten*; *Metalloberfläche*; 4, S. 100–103; 1969.

[55] D.J. Guidry, J.C: Jiang und E.I. Meletis: *Tribological Behavior of nanocrystalline nickel*; *Journal of Nanoscience and Nanotechnology*; 9, S. 4156–4163; 2009.

[56] E. Haibach: *Betriebsfestigkeit: Verfahren und Daten zur Bauteilberechung*; Springer; 3. Aufl.; 2006.

[57] S. Hannel, S. Fouvry et al.: *The fretting sliding transition as a criterion for electrical contact performance*; *Wear*; 249(9), S. 761–770; Sept. 2001.

[58] S. J. Harris und E. C. Darby: *Gold-Cobalt Electrodeposits*; *Gold Bulletin*; 9; June 1976.

[59] G. Herklotz und B. Gehlert: *Substitution of the Standard Gold Flash by a Layer Combination Consisting of a Palladium/Silver Alloy and Gold for Improving the Tribological Performance of Connectors*; in *Proceedings of 17th International Conference on Electrical Contacts*; S. 285–293; 1994.

[60] T. Hisakado: *The Influence of Surface Roughness on Abrasive Wear*; *Wear*; 4, S. 179–190; 1976.

[61] R. Holm: *Die technische Physik der elektrischen Kontakte*; Verlag von Julius Springer; Berlin; 1941.

[62] R. Holm: *Electric Contacts - Theory and Application*; Springer Verlag; Berlin; 4. Aufl.; 1967.

[63] G. Holmbom und B. E. Jacobson: *Incorporation of Gold Cyanide in Electrodeposited Gold*; *Journal of Electrochemical Society*; 135(3), S. 787–788; 1988.

[64] T. Hoppe, J. Kopp et al.: *Investigations on the Fretting Behavior of Edge-Board Connectors in Automotive Applications*; *VDE Verlag, Electrical Contacts 1953 to 2012; ISBN 978-3-8007-3459-7*; 2012.

[65] J. Horn: *Mechanische Eigenschaften von Kontaktsystemen und Kontaktoberflächen und deren Einfluss auf die Funktion von Steckkontakten*; Dissertation; Technische Universität Chemnitz; 1985.

[66] A. Iwabuchi, J. Nihsi et al.: *The Tribological Properties of Au-Deposited Electrical Contacts with Seal Treatment*; in *Proceedings of 17th ICEC*; S. 465–472; 1994.

[67] Y.-D. Jeon und K.-W. Paik: *Stresses in electroless Ni-P films for electronic packaging applications*; *IEEE Transactions on components and packaging technologies*; 25; 2002.

[68] W. Jillek und G. Keller: *Handbuch der Leiterplattentechnik*; Eugen G. Lenze Verlag; 2003.

[69] F. L. Jones: *The Physics of electrical Contacts*; Oxford University Press; 1957.

[70] N. Kanani: *Chemische Vernickelung: Nickel-Phosphor-Schichten. Herstellung, Eigenschaften, Anwendungen.*; Eugen G. Leuze Verlag; 2007.

[71] W. Koerner: *Innovation in der Leiterplattentechnik*; Kap. Beschichtung von Leiterplatten mit chemisch Nickel/Gold; Eugen G. Lenze Verlag; 1993.

[72] P. A. Kohl: *Modern Electroplating*; Kap. 4, S. 115–130; Wiley; 5. Aufl.; 2010.

[73] A. Krusenstjern, von: *Edelmetall-Galvanotechnik*; Eugen G. Lenze Verlag; 1970.

[74] E. S. Lambers, C. N. Dykstal et al.: *Room-Temperature Oxidation of Ni(110) at Low and Atmospheric Oxygen Pressures*; *Oxidation of Metals*; 45, S. 301–321; 1996.

[75] Uwe Landau: *Steckverbinder im Automobilbau*; in *28. Ulmer Gespräch*. OTB Oberflächentechnik in Berlin GmbH & Co. KG; 2006.

[76] J.-P. Le Solleu: *Sliding contacts on printed circuit boards and wear behavior*; *Eur. Phys. J. Appl. Phys.*; 50(1); Apr. 2010.

[77] M. Leidner: *Kontaktphysikalische Simulation von Schichtsystemen*; Dissertation; TU Darmstadt; 2009.

[78] X.-Y. Lin, L.-J. Xu et al.: *Research on fretting resistance and fretting wear property of Ni-Au contact pair*; *IEEE*; 2011.

[79] T. Liskiewicz, S. Fouvry und B. Wendler: *Development of a Wöhler-like approach to quantify the Ti(CxNy) coatings durability under oscillating sliding conditions*; *Wear*; 259(7-12), S. 835–841; 2005.

[80] C. C. Lo, J. A. Augis und M. R. Pinnel: *Hardening mechanisms of hard gold*; *Journal of Applied Physics*; 50(11), S. 6887–6891; 1979.

[81] H. Mauch: *Statistische Methoden zur Beurteilung von Bauteillebensdauer und Zuverlässigkeit und ihre beispielhafte Anwendung auf Zahnräder*; FVA-Forschungsvorhaben "Lebensdauerstatistik"Nr. 304; FVA; 1999.

[82] C. Maul, J. Swingler und J.W. McBride: *Monitoring the connector environment in automotive systems*; *IEE Seminar on Automotive Electronic Standards; Are They?*; (Ref. No. 1999/206), S. 5/1–5/4; 1999.

[83] J. W. McBride und K. J. Cross: *The Evaluation of Wear in the Fretting of Electrical Contact Surfaces*; *Fretting Fatigue and Wear - Real-Life Solutions*; S. 4pp.; 2008.

[84] F.L. McCrackin, E. Passaglia et al.: *Measurement of the thickness and refractive index of very thin films and the optical properties of surfaces by ellipsometry*; *Journal of Research of the National Bureau of Standards - A. Physics and Chemistry*; 67A(4); 1963.

[85] C.A. Morse, N.R. Aukland und H.C. Hardee: *A statistical comparison of gold and palladium-nickel plating systems for various fretting parameters*; in *Proceedings of the 41st IEEE Holm Conference on Electrical Contacts*; S. 33–51; 1995.

[86] R. S. Mroczkowski: *Connector Design/Materials and Connector Reliability*; *AMP Journal of Technology*; 1993.

[87] P. A. Mäusli, F. H. Reid und S. Steinemann: *Elektronenmikroskopische Untersu-*

chungen von galvanischen Gold-Kobalt Niederschlägen; Metalloberfläche; 32(9), S. 369–376; 1978.

[88] S. Nakahara: *Direct Observation of Inclusions in Cobalt-Hardened Gold Electrodeposists*; Journal of The Electrochemical Society; 136(2), S. 451–456; 1989.

[89] S. Noel, L. Boyer und F. Houzé: *Electrical and Tribological Properties of Lubricated Nickel Coatings for Low Level Connectors*; in *Proceedings of the 16th International Conference on Electrical Contacts*; S. 73–77; 1992.

[90] Y. Okinaka, F.B. Koch et al.: *"PolymerInclusions in Cobalt-Hardened Electroplated Gold*; Journal of Electrochemical Society; 125(11), S. 1745–1750; 1978.

[91] Y. Okinaka und S. Nakahara: *Structure of electroplated hard gold observed by transmission electron microscopy*; Journal of Electrochemical Society: Electrochemical Science and Technology; 123(9), S. 1284–1289; 1976.

[92] M. Pinnel und K. Bradford: *Influence of Some Geometric Factors on Contact Resistance Probe Measurements*; IEEE Transactions on Components, Hybrids, and Manufacturing Technology; 3(1), S. 159–165; 1980.

[93] M. R. Pinnel, H. G. Topmpkins und D. E. Heath: *Oxidation of Nickel and Nickel-Gold Alloys in Air at 50°-150°C*; Journal of Electrochemical Society; 126(7), S. 1274–1281; 1979.

[94] J. Périé, M. Périé et al.: *Application of Radioactivation Analysis to the Tribological Study of Gold-Plated Connectors*; Wear; 128, S. 153–165; 1988.

[95] F. H. Reid und W. Goldie: *Gold als Oberfläche*; Eugen G. Lenze Verlag; 1982.

[96] E. Rossow: *Eine einfache Rechenschiebernäherung an die den normal scores entsprechenden Prozentpunkte*; Qualitätskontrolle; 9, S. 146–147; 1964.

[97] A.K. Rudolphi, O. Vingsbo et al.: *Fretting testing of electrical contacts at small displacement amplitudes - Experience from a BriteEuram project*.

[98] Åsa Kassman Rudolphi und Staffan Jacobson: *Gross plastic fretting mechanical deterioration of silver coated electrical contacts*; Wear; 201(1-2), S. 244–254; Dez. 1996.

[99] P. Sahoo, D. K. Misra et al.: *Microstructures and thermal conductivity of surfactant-free NiO nanostructures*; Journal of Solid State Chemistry; 190, S. 29–35; 2012.

[100] N. Saka, M. J. Liou und N. P. Suh: *The Role of Tribology in Electrical Contact Phenomena*; *Wear*; 100, S. 77–105; 1984.

[101] T. Sasada, S. Norose und H. Mishina: *The Behavior of Adhered Fragments Interposed Between Sliding Surfaces and the Formation Process of Wear Particles*; *Journal of Lubrication Technology*; 103(2), S. 195–203; 1981.

[102] R. Schnabl: *Physik Elektrischer Kontakte*; in *VDE Fachbericht Kontaktverhalten und Schalten (9. Alber-Keil-Seminar)*; S. 7–16; 1987.

[103] K.-H. Schröder: *Werkstoffe für elektrische Kontakte und ihre Anwendungen*; expert verlag; 2. Aufl.; 1997.

[104] D. J. Shaw: *Introduction to colloid and surface chemistry*; Butterworth-Heinemann; 1992.

[105] A. Simmel, P. Rehbein und M. Schönfeld: *Lebenslänglich in gutem Kontakt bleiben*; in *Jahrbuch Oberflächentechnik Band 62*; S. 315–323; Eugen G. Lenze Verlag; 2006.

[106] K. Sommer, R. Heinz und Schöfer J.: *Verschleiß metallischer Werkstoffe*; Vieweg+Teubner Verlag; 2010.

[107] J. Song, C. Koch und L. Wang: *Optimization of hard Gold Plating for Electrical Contacts*.

[108] J. Souter: *Compatibility of Gold Deposits for Connector Contacts*; *IEEE Transactions on Parts, Hybrids, and Packaging*; 10(1), S. 18–23; 1974.

[109] S. Steinhäuser, Th. Lampke et al.: *Zum Korrosions- und Verschleißverhalten von Nickeldispersionsschichten mit Nanopartikeln*; *Mat.-wiss. u. Werkstofftech.*; 34, S. 633–640; 2003.

[110] N. P. Suh: *Tribophysics*; Prentice-Hall; 1986.

[111] J. Swingler: *Degradation of electrical contacts under low frequency fretting conditions*; Dissertation; Loughborough University of Technology, Department of Electronic and Electrical Engineering; 1994.

[112] J. Swingler, J. W. McBride und C. Maul: *Degradation of Road Tested Automotive Connectors*; *IEEE Transactions on Components, Hybrids, and Manufacturing Technology*; 23(1), S. 157–164; 2000.

[113] Hong Tian, Nannaji Saka und Ernest Rabinowicz: *Fretting failure of electroplated gold contacts*; Wear; 142(2), S. 265–289; März 1991.

[114] Hong Tian, Nannaji Saka und Ernest Rabinowicz: *Friction and failure of electroplated sliding contacts*; Wear; 142(1), S. 57–85; Febr. 1991.

[115] E. Vinaricky: *Grundlagen elektrischer Kontakte*; in *VDE-Seminarband 10. Seminar "Kontaktverhalten und Schalten"*; S. 7–15; 1989.

[116] Eduard Vinaricky: *Elektrische Kontakte, Werkstoffe und Anwendungen : Grundlagen, Technologien, Prüfverfahren*; Springer; 2002.

[117] C.A. Waine und P.M.A. Sollars: *A Comparison of Gold And Alternative Low Cost Finishes for Connector Contacts Applications*; in *Proceedings Holm Conference on Electrical Contacts*; S. 159–171; 1978.

[118] G. Wegerer: *Beitrag zur Ursachenfindung des "Black PadEffekts bei der chemischen Nickel-Gold-Abscheidung mit einem Vorschlag zur fertigungstechnischen Prüfung*; Dissertation; TU Berlin; 2011.

[119] A. Wichmann: *Innovation in der Leiterplattentechnik*; Kap. Leiterplattenoberfläche chemisch Nickel/Gold: Erfahrungen und Erkenntnisse aus der Serienfertigung; Eugen G. Lenze Verlag; 1993.

[120] R. W. Wilson: *The Contact Resistance and Mechanical Properties of Surface Films on Metals*; Proc. Phys. Soc. B; 68, S. 625–641; 1955.

[121] P. Wingenfeld: *Selektive Hochgeschindigkeitsabscheidung von Edellmetallen auf Bandanlagen*; Galvanotechnik; 11, S. 1–13; 2003.

[122] J.-W. Yoon, J.-H. Park et al.: *Characteristic evaluation of electroless nickel-phosphorus deposits with different phosphorus contents*; Microelectronic engineering; 84, S. 2552–2557; 2007.

[123] P. J. van Zwol, G. Palasantzas und J. Th. M. De Hosson: *Influence of random roughness on the adhesion between metal surfaces due to capillary condensation*; Applied Physics Letters; 91(10), S. 101905–101905-3; 2007.

[124] P. J. van Zwol, G. Palasantzas und J. Th. M. De Hosson: *Influence of roughness on capillary forces between hydrophilic surfaces*; Phys. Rev. E; 78(3), S. 1–23; 2008.